コンちゃん、夢のジオラマ

明治44年（1911／創立は前年）から昭和37年（1962）まで、岡山県の西大寺市から後楽園まで、距離にして11・4kmを走っていた「西大寺鐵道」。軽便鉄道と呼ばれるこの鉄道は、建設費や維持費が抑えられることから、当時の地方流通の要としてローカル線を支えていました。

幼い頃、おばあちゃんに連れられてこの西大寺鐵道に乗ったという記憶が、60歳を超えてリアルに蘇ったのです。そして完成したのが、世界でひとつのジオラマワールドです。

詳しくは233ページをご覧ください。

私の自宅は高層階にあるので、ジオラマの向こうに実際の夜景が見えるのです。

カバーを釣り上げるためのクレーン。天井には天の川をイメージした、たくさんの照明をつけました。

コントロールボックスは、漆塗りの阪急ブラウン。これも特注！

こんな形ですから、カバーも特注になってしまいました。

桜が咲く広場、紅葉の山、見る位置によって四季が違います。

「みっちゃん、ご飯やで」と呼ぶおばあちゃんの声が聞こえそう。
かやぶき屋根の民家の庭先に、白いかっぽう着姿のおばあちゃんと黄色いシャツを着た幼い私がいます。

財田《ざいでん》駅。すぐ横に国鉄東岡山駅があって、
列車を見ていた記憶があります。

たくさんの仲間が登場するジオラマワールドは、私の思い出がいっぱいつまっている宝物です。

こんちわ コンちゃん お昼ですよ！

夢が
我が家に
やってきた

近藤光史

西日本出版社

はじめに

2012年7月、私は病室のベッドにいます。

というのも、近藤さんに目の不調を訴えたところ、「それはすぐに病院へ行け！」「絶対ほっといたらあかん！」「手遅れになるぞ！　目は！」「俺もやったことある！」と吼え気味に病院へ行くことを勧められました。

近藤さんがあまりにも熱心に言うので、その日のうちに救急の病院へ。

すると医師から「すぐに大きい病院に行ってください」と言われ、病院で診察を受けたところ、入院、即手術。そして今、治療に専念し、快方に向かっているところです。

もし、あの時、病院に行かなかったら……そういう意味で近藤さんは僕にとって恩人であります。

そこで今回、近藤さんが出版するエッセイの前書きを書くにあたり、この本の読みどころや、いい部分を私がおもいっきりお伝えしたいと思います……。

がっ！　しかし、そんな恩人の書く本を、褒めちぎり、絶賛したとしても、たぶん近藤さんは「心にもないおべんちゃらを書くな！　しばいたろかぁー!!（※注）」と、ひと～つも喜ばないと思いますので、頭に思い浮かんだ近藤さんのことを、つれづれなるままにお伝えしようと思います。


まず近藤さんという人間は、一言で言うと、
・元ＭＢＳアナウンサーである。
・タヒチで日本人向けの海外挙式会社を経営していたことがある。
・バツ３である。
・食にめっぽううるさく、大食漢である。

※注
２０１２年７月現在、本人お気に入りの口癖

・山男と言っている割に、鉄道が好き。
・犬をすごく可愛がっているが、その犬にしょっちゅう噛まれている。
・明石家さんまさんのことを「さんま」と呼び捨てしている。
・そんなに面識もないのに「鶴瓶ちゃん」と呼んでいる。
・世界的指揮者の西本智実さんのことを「ともちゃん」と馴れ馴れしく呼ぶ。
などなど、一言で言おうと思ってもたくさんの特徴がありすぎる人です。

そうなんです。

良きにつけ悪しきにつけ、ありとあらゆる人間性が満ち溢れているのです。

そんな近藤さんが書いた文字、文章は、きっと普通の人が思いついたことも、経験したこともない、破天荒なものに仕上がっているでしょう。

近藤さんという、とっても変わった人間が書いたものを、読者の皆さんが自分の体験や自分の考え方に置き換えて比較してみると、「コンちゃん、こんなおもろいこと考えてたんやなぁ」とか「何言うてるねん！　コンちゃんはアホやな〜」とか「あれ〜コンちゃんはこんな面があるんや〜」という発見がたくさんあり、非常に面白い本になっていると思います。

え〜いろいろ書きましたが、普段は思いつきでしゃべっていることが多いような近藤さんですが、実は非常にやさしく、非常に男らしく、時には女々しく、変わった人ではありますが、本当によき兄貴であり、よき父親みたいなところがある方です。

そして何より僕の身体の恩人でもあります。

早稲田大学の入試以来久しぶりに、机に座って必死になったという、喜怒哀楽満載、抱腹絶倒間違いなしの一風変わったエッセイ。

愛情たっぷりにぜひ最後までお読みください。

尚、読むのにおすすめな時間や場所は通勤時間やトイレの中、何にもすることがない休みの日など、無駄な時間に読むほうがいいと思います。

本気で読むと「なんやこれ～！」ということもありますから……。

冗談はさておき、最後までじっくり近藤さんの文章をお楽しみいただければ幸いです。

「立つ鳥跡を濁さず」ということわざがありますが、立つプロデューサー、跡を濁しまくりな文章でスミマセン。

許してね、コンちゃん❤

2012年7月

「こんちわコンちゃんお昼ですょ！」
4代目プロデューサー　新堂裕彦

目次

こんちわコンちゃんお昼ですよ！

夢が我が家にやってきた

第1章

突然ですが、こんちわコンちゃん始めることになりました

虫の湧いた日々

何か趣味をお持ちの方々は、この「虫が湧く」という言葉をすぐにご理解いただけると思います。この虫が湧き出すと、矢も楯もたまらずそのことをやりたくなるものです。この誘惑には抗いがたく、すべてを犠牲にしてでも……、と思いたくなるものです。私の中にもいろんな虫がいるようなのですが、湧いてこないと分からないものでもあります。

私は45歳の時に会社を辞めました。いろいろあって（この内容についてはまた機会を改めてお話しすることもあろうかと思います）、毎日放送（MBS）のアナウンサーを辞職してタヒチに移住しました。

向こうに行ってしばらくの間は、タヒチの生活に馴染むため、それこそ朝から晩までフランス語の勉強に没頭しました。私は中・高を通じて一番苦手な科目が英語。タヒチに移住してフランス語の必要な生活に放り込まれて初めて、外国語というのはまず単語の数を増やしていく地道な努力をすることが何よりも重要である、ということに気がついたのであります。それまでの私は、外国語を勉強する時には、きっと私の知らない、外国語のよくできる人達だけが知っている、単語を覚えるノウハウがあるに違いない。できればそのノウハウを教えてもらいたいものだと勝手に想像しておりました。

ところが、あに図らんや、そんなものは存在すらしていないということを、しっかりと思い知らされたのであります。

外国で生活する時に一番大切な単語というか言葉は、何かご存知ですか？　いろいろな考え方があろうかと思いますが、私の経験で言えば、まず間違いなく大切なのは数字なのです。買い物ひとつを取り上げても、それがいくらなのかが分からなければ、自分の有り金すべてを手のひらに乗せて差し出す以外にないのです。私がタヒチにいる時に、日本からのお客様によく訊かれたのが、「英語でいうハウマッチは、フランス語で何というのですか？」ということです。答えは？　そう、いくらですかと聞いて、向こうがいくらですよという時にフランス語で「なんぼフランです」と言われたら、あなたはお分かりになりますか？　というのが答えです。

特にフランス語は六十進法ですから、とても一筋縄ではいきません。60まではまあまあ順調に数字のカウントは進んでいきますが、70からはとてもついていけないような考え方で数えます。70は日本語で言えば「60足す10」、71は「60足す11」と進みます。で、80は？ これは難関です。「4×20」、81は「4×20足す1」、さあここまでくれば残るは90です。いきまっせぇ「4×20足す10」、91は「4×20足す11」これをフランス語で言うのです。

それを聞いたり言ったり、普通におできになりますか？ 私は向こうに住もうとして行っているのですから、当然覚えましたよ。

毎日、朝起きたらレポート用紙に数字の1から100までを書き、その横に自分で声を出しながら「アン」「ドゥ」とフランス語でスペルを書いていく。これを朝、昼、夕方と毎日数ヵ月間繰り返し、車に乗って道路に出れば、向こうからやってくる車のナンバーをフランス語で読み上げるのです。これは本当にトラウマになりそうな毎日を送りました。数字だけでこれですよ。普通の会話なんて、そらもうえらいことでした。こうして、ぼちぼち言葉を覚え、最初に覚えて多用したフレーズは「すみません、私フランス語が上手に話せません」というフランス語でした。

そんなことから始まったフランス語生活ではありましたが、私はラッキーでした。タヒチに行って間もなく知り合いになったギー・デ・ロームさんというフランス人の方が向こうで言うところの変わり者、なぜならこの人はタヒチではまず必要でない日本語の研究者でタヒチの学校で英語を教えてる先生。しかもギーさんの話す日本語は、昔の江戸時代の香りを濃く残す幕末から明治にかけての古語のような、侍が話す武家言葉のような、もう日本でも聞くことの無いような古い日本語なのです。

「左様でござるか」とか、「私」と「拙者」が入れ替わり立ち替わり出てきたりとか。皆さんちょっと想像してください。綺麗な金髪で、眼が美しい湖のようなブルーの、典型的な外国人。ギーさん流に言うなら「異人」という言葉がピッタリの人が、侍のような日本語を話すのですよ。でもそのギーさんが、

「拙者の古い日本語を直してくださるのであれば、私が近藤ウジにフランス語を少々手ほどきさせていただくことなど苦しいことではござらん」

そうのたまって、初歩のフランス語のいろいろを教えてくれたのです。彼のおかげで、そうですね、2年、3年と暮らすうちになんとか少しずつフランス語を話せるようになってきました（追記：ギーさんがのちに持ってきてくれた日本語の参考

書は、紛れもなく明治期に書かれた、日本人のための日英会話という本でした）。

そうこうするうちに、突然降って湧いたような災難。はい、フランスがムルロア環礁で行った核実験でした。

この時は世界中のマスコミやテレビ局がタヒチに取材にやってきました。もちろん、日本のテレビ局もやってきました。日本のテレビ局は毎日放送も日本放送協会（NHK）もやってきました。

この取材班は皆、タヒチで取材した映像をできれば現地で編集して自分達が「これぞ」という映像に仕上げたものを日本に送りたいのです。そうでないと、取材した映像を全部、現地の放送局の機材を借りて衛星経由で日本に送り、その映像を日本の報道部員が「こうであろう」と想像しながら編集したものを番組で流すことになります。それよりは、自分達が目で見て確認したものを自分達で編集して放送したいというのは、現地で編集した方が日本の放送局の手間が省けるという理屈をつけているにしろ、実際に取材にあたった人間の心情です。

ここで彼らは日本から遠く離れたタヒチで、私の会社だけが日本の放送局基準を満たす撮影機材や編集機材を持っていることを聞きつけました。ご存知かもしれませんが、世界にはテレビやDVD（この当時ならビデオですが）、その映像再現方法は各種あって、日本の放送局用には日本方式の撮影カメラ、編集機が必要なのです。

当然タヒチは領主のフランス方式を採っていますから、日本の放送局の方式とは異なっています。編集機材は大きく重く、持ち歩きなどできるものではありません。ですから、タヒチで日本の放送局が映像編集できるなど思いもつかないことだったのですが、彼らにしてみれば、それができるところがタヒチにあったということなのです。

私は毎日放送を辞めた人間ではありますが、やはり心は毎日放送の人です。でも心優しい私はNHKにも貸してあげました。するとその中の人から「あなたはどうしてタヒチにいるのですか」と訊かれて、毎日放送にいたことや、こっちで日本人の挙式会社をしていることなどを話し、ムルロア環礁とタヒチ本島が1200キロも離れているのに、日本人がまるでタヒチ島のすぐ隣で核実験が行われているように誤解して、日本からの観光客が全く来なくなったことを怒りを込めて話すと、「そうですよね。そのコメントをカメラの前で話してください」と言われ、久しぶりにカメラの前に立ちました。その姿は、NHK夕方7時と9時のニュースで全国放送されるという我が人生最大の、毎日放送に在籍していたらまず無かったイベントをタヒチで経験したのです。

ところがその話をどこからか聞きつけてきた現地タヒチのテレビ局が取材に現れ、私はモーレア島の浜辺で被爆国日本から遠く南太平洋のタヒチに来て核の災難（被爆ではなく、核実験の風評被害）に遭う日本人の気持ちを15分にわたってインタビューに答えることになり（念のために申し上げますが、今となっては私自身も信じられないことにフランス語で喋ったのです）、現地テレビが夕方放送するメインニュース番組にも登場することになりました。

何年ぶりだったでしょうか。私は、「そうそう、放送に出るということはこんな感じ」だと思い出しました。これが縁となって、タヒチ観光局の担当大臣から、「日本に行って、日本の放送局のテレビ番組に、タヒチに取材に来るように要請してほしい。そうして今の核実験の風評被害に苦しむ観光立国タヒチの安全と、変わらない美しい自然が待っていることを広く日本全国にPRしたい。滞在費と交通費は観光局が面倒を見るから」と直接依頼を受け、実際に日本から数社の番組ロケ、取材に来てもらいました。

こうして、忘れていたはずの放送という仕事に再び触れ、なんとなくカメラやマイクの前で喋るという感覚がどこかによみがえっている自分を意識するようになっていました。

私は、1971年の毎日放送入社以来、92年に辞めるまでの間、アナウンサー以外の仕事をほとんどやったことがありません。そしてアナウンサー時代は、マイクやカメラの前でいかに面白く、楽しく喋るかそればかりを考え、その技術や方法を磨くことに力を注いできました。それがタヒチへの移住ということで体のどこかに仕舞い込まれ、本人も仕舞い込んだ先を無理矢理忘れようとしていたことに気がついたということなのでしょう。

早稲田大学の放送研究会アナウンス部に入部して以来、ナレオ・ハワイアンズをはじめとする大学バンドの司会、いろいろな催しの司会など、舞台上や人前で送ってきた25年にわたるお喋り生活はどこへ行こうとも体の中に染みついて離れないものなのですね。

こうして日本を離れることになって8年あまり、体の奥の奥に仕舞い込んでいたはずの喋り虫がまたゾロ湧き出してきたのを感じないわけにはいきませんでした。

でもだからといってこの時点ではどうすることもできないということも分かっていました。核実験というおぞましい出来事がきっかけになって、核とはなんの関わりもないのに私の中の何かがうごめき出した、虫が湧き出した日のお話でした。

最後の楽園から

あれは西暦2000年、私の誕生日の頃でした。タヒチという、地球に残された最後の楽園に生活していた私が、向こうで作っていた「日本人のための海外挙式の会社」の営業で大阪に戻っていた時でした。宿泊していたホテルに1本の電話がかかってきました。

「お〜い、大阪に帰って来てるんやってな。久しぶりに毎日放送に顔出さへんか」

という懐かしい同期の平ちゃん（前大阪市長の平松邦夫さんですよ）の声、これに応えて毎日放送に顔を出したのが大きな転機でした。

その頃、毎日放送１階フロアには食事もできる喫茶兼レストランがあり、久しぶりの顔合わせにウキウキしながら片隅のテーブルで待っていると、まず最初に平ちゃん（もちろん平松さんですよ）、次に野村啓司さん、こうして入社以来の同期アナウンサーとの顔合わせが済むと、続いて現れたのが入社以来兄貴分としてお慕い申し上げている、斎藤努様。たしかあの時は「アナウンサー室長」でおられたはず。で、このあたりで気がつく鈍感さ。出てくる人が皆アナウンサーとはいえ、単語の種類は違っても内容はほとんど同じ。

「どうや、タヒチもええけど、日本もええやろう。食い物もうまいし何でもあるし、何よりも日本語で喋れるのがええやろ」

「どうや、そろそろ日本が恋しくならんか、この辺で帰ってきてもええんちゃうかなぁ」

私、「そんなこと言うても、帰ってきたって俺は何をするのよ。私はこの毎日放送を辞めてタヒチに行った人間ですよ。何をして生活するのよ」

すると、３人は判で押したように唇の端に笑みを浮かべて、

「まぁ、ええよ」

「おい、ちょっと待てよ。みんなおかしいぞ。何を言うてんの」

「いやいや、もうすぐ分かるわ。ほんなら我々は用があるから、まぁゆっくりしていきぃな。またあとで」

と言うなり席を立つではありませんか。

「それやったら俺も……」

と、私も席を立とうとすると、努兄貴が、

「あ、もうひとり来る人がいて、その人が今日のことを言い出した人やから。もうちょっと、ちょっとだけ待ってて」

こうして、喫茶コーナーにひとり取り残された私。

「なんじゃこりゃ。何がどうなっているの？　次は誰が出てくるのんよ」

なんとも言えない不安に包まれてぽつねんと座っている孤独な僕。冷たくなったミルクティーに手を伸ばそうとしたその時、「お待たせしました」と現れたのは田中文夫さん。彼は私がまだ入社3年目の頃、ラジオの「MBSヤングタウン」の担当に配属されてきた、「できる男」の評判高いディレクターで、呼び名が「兄さん」（注：そもそも昔からあだ名や呼び名には特徴があり、あにさん、にいさん、大将、頭などとリーダーのように呼ばれる人物は、人間的にもそういうオーラを持った人達であることが多い）。

彼とは、それ以来ラジオだけでなくテレビの番組でも一緒になることが多く、私よりひとつ年下であるにも関わらず、私も例にもれず「兄さん」と呼んで仲良くさせてもらっていました。

その兄さんが、なんでこんな時に突然現れて、しかも「おまたせ」って、「なんじゃこりゃ」の三段重ね。

「えっ、なんで兄さんが出てくるの？」

「いやぁ、ごめんごめん。びっくりしたやろ。実はみんなに頼んで、コンちゃんに来てもらうようにしたのは僕やねん。今、僕がラジオのセンター長をやっててね。今ちょっと困ってることがあるんや。昼間のラジオの内容を変えたいんやけど、出演者が思い浮かばへんねん。で、いろいろ考えてる時にふっとコンちゃんのことが浮かんできてね。それでアナウンサー室に聞いたら、今帰ってきてるというから、悪いけど来てもろたんよ」

と言うではありませんか。

「それでこんな仕掛けをしたんやね。何かと思うやんか。で、僕に何を?」

「いや、他でもないんやけど、コンちゃんは日本に帰ってくる気はないの?」

「えっ、なんて? 日本に帰ってくる? 私が? あのね、私は向こうで遊び人をやってるのではないのですよ。小さいけど、一応政府に登録された正式な会社を経営しててね。タヒチという南の島では働き口がないから、外国人を雇うのがものすごく厳しく規制されていて、日本人をひとり雇うのに、タヒチ人もしくはフランス人を3人雇って、その労働契約書と給料の支払い証明をつけて書類を提出し、待つこと半年以上、ようやく許可をもらって日本人を雇えるのですよ。うちは日本人がタヒチで結婚式を挙げるための会社だから、絶対的に日本人がお世話しないといけないので、日本人を3人雇っているのよ。ということは、全部で日本人3人とタヒチ人9人、合計12人の従業員がいるのですよ。それとね。これはご存知ないと思うけど、以前タヒチという名前で報道されたけど、フランスが南太平洋の楽園で核実験というのがあったやろ? でもあれは、タヒチでもかなり南、1200キロ南、つまり、大阪から上海ほども距離が離れているのに、日本のマスコミは勉強というか、調べるということをせずに、タヒチ、タヒチと騒いで風評被害がえらいことになったのよ。忘れもせんけどあの時、日本の4大新聞のひとつの特報部長という人が、タヒチの私の家に電話してきて何と言ったと思う？『近藤さんのお家はタヒチですよね？　景色はよく見えるところですか？　えっ、標高250メートルほどの丘の上？　そしたらあの……、核実験の時のガボッと盛り上がる海水の山がお宅から見えますか？』とぬかしおったのよ！　この時に改めて日本の新聞のレベルの低さを知りました。いや、それはまあええとして、あの年は核実験の影響で翌年末までの1年半に挙式に来たお客さんがなんと7組やで。これに懲りて、ひとつの島だけでやっていてもまた何かがあった時には同じ目に遭うから、別のところでも挙式事業をやろうということにしたのです。ニューカレドニアなら同じフランス圏、タヒチと同じフランス領でもフランスの海外県。タヒチよりフランス国内と同じような政策が取られているから、もうちょっとまともな交渉が政府とできるかもしれないと思って、今はニューカレドニアにも同じ会社を立ち上げて、そこにも6人の日本人と現地のフランス人が数人いるんですよ。分かってくれますか？　私が日本に帰ってくるということは、これらの従業員をほったらかして帰ってくることになるんよ」

と長い長い説明をしました。

田中兄さんは、面白そうに話を聞いていましたが、その説明はまるでなかったことのように、「うん、まあいろいろあるのはあるやろうと思っていたから不思議やないよ。でもね、そういう海外生活の体験は今の話のように、皆が知らない話がたくさんあるやん。誰がそんな話できる？　そういう今まであまりなかったキャラクターだから頼みたいのよ」

とまあこういう話の具合で呼び出された事情が分かってきたのです。


ここで、私の表に出ていない心の声をご紹介しましょう。

まず、放送局に来た時から。喫茶室に座って同期の平松君が現れた時、「久しぶりやなあ。皆、変わらず元気にやってるんやろうなあ」

続いて、「平ちゃん、なんか管理職風になってきたよなあ、北米支局長でニューヨークに駐在してて、ラスベガスで毎年開催される世界最大の放送機器展に来た時、俺もタヒチから挙式撮影用の機材を見に行ってて、１日滞留人口（その催しのためにこの場合では、ラスベガスにやってきて宿泊したり、機器の出展品を見て回ったりする人数）9万人という中で、何の約束もなく、お互いに来ていることも知らなくて、宿泊ホテルも違うのに、全く関係ない別のホテルの1階で偶然に出会ったあの時に、運命の絆のようなものをお互いに感じて、空港で別れの握手を交わしたよなあ。男同士でも小説に出てくる男女のような赤い糸みたいなのを感じたよなあ」

次に来たのが野村さん。「変わらんなあ、穏やかに話してて緩やかぁで、『俺もタヒチに行きたいねんで。でも上手いこといかんのよ。この前もニューカレドニアに行くこと決めて、いざという段になったら、行かれへん事情になってな』と言っているその口調に癒されますなあ」

続いて登場したのが斎藤努さん。私達はずーっと「ツトムさん」と呼んでおりました。

「若かったツトムさんも、8年経ったらやや老いの気配が漂ってきましたねえ。でも、その優しそうに見せている笑顔の裏に、何か企んでいる時に浮かべる目の表情は変わってませんね。今日も何か企んでいるでしょう。何？　何を考えてるの？　ほんまはなんやの」

こうして最後に田中兄さんが現れたのです。えっ。田中兄さんとの話のあとですか？　真剣に私を口説いてくれる兄さんの気持ち。兄さんは負けず嫌いで、人に頭を下げてものを頼む姿は、私が見たことのないものでした。その気持ちに打たれたのが一番大きかったのですが、私の心の奥の奥に少しずつ湧いてきていたものがあるのです。それを私は〝虫〟と呼んでいるのです。その〝虫〟を収めるためにも帰ってこようと決めたのです。

でもね、この重大決定をこの日この時に下したのではありませんよ！　この日の夜、私は日本の友人達に電話をかけまくりました。

「かくかくしかじかでこういう事態になったんやけど、俺は帰ってくるべきなんやろうか」

そう言うと、全員が判で押したように、

「そらおまえ、そんなに言ってもらえるなら、その時に帰ってこなかったらもう帰ってこられんようになるで。帰っておいで」

と言ってくれたのです。もちろんこれが大きな後押しになって、翌日、田中兄さんに伝えました。

「分かった。友達も全員が帰ってこいって言うし、タイミング的にもそういう時期なのかなあと思うからお世話になりに帰ってくるわ。で、いつ頃帰ってきたらええの？　来年の4月の番組改編時期の頃を考えていたらええのかなあ」

「何を言うてんのん。今は7月。考えているのは今度の10月の番組改編やないの。来年4月て、そんなゆっくりの話やったら、こんなに焦って話はせえへんよ」

「ええっ！　そんな、そんなんあとふた月やないの」

「そうや、頼むよ。今からコンちゃんが帰ってきてくれるということで動くし、今日は金曜やけど月曜の会議で全社的に発表するからね」

見事、東大出の田中兄さんの作戦にはまったと気がついた時には、すべてが動き始めておりました。

これが世界の「最後の楽園」と言われるタヒチからの帰還の真実であります。

虫下しの日々始まる

何か好きなものであってもしばらくやらないことが続く、そうですね、8年やらなかったら相当腕は鈍るでしょうね。

「こんちわコンちゃん2時ですょ!」は、私にとってまさにそれでした。私が日本を離れる3年前から、「本社の茶屋町移転」と本社機能を移転したあとの「千里丘毎日放送の土地、建物」をどうするのかを検討・実行するためのプロジェクトチームが作られました。ここに、最初はアナウンサー室と二股かけて配属されました。

ちょっとした自慢ですみませんが、この人事は当時おられた齋藤守慶社長が誰にも相談せず、もちろん私にも何もおっしゃらずに、ある日突然発令になりました。思い起こせば辞令が出る1カ月ほど前に、何かのパーティの会場で社長がスッと側に寄って来られ、

「いつまでもアナウンサーだけでは面白くないだろう？　ここらでちょっと新しい経験を積まないといかんな。将来のためにも経験が必要だよ」

「へっ？　何です？　何のことです？」

「うっふふ。まあいいから、いいから」

という会話があったのはありました。それがこの人事だと気がつくのは発令の2日ぐらいあとでした。

当時のアナウンサー室長は、その昔、ラジオの「浪曲天狗道場」で一世を風靡した藤本英治さん。齋藤社長が誰にも相談しなかったというのは、辞令が出た直後藤本室長が、

「近藤！　おまえ俺にひと言も言わずに、相談もせずに、社長に直談判して出世の道を選びやがったな」

「いいえ、私も誰からもなんにも言われなくて、青天の霹靂です」

「ウソつけ、俺には全部分かっているんだ」

という会話で分かりました。

この日をきっかけに、アナウンサーでは経験できない、いろいろな面白いことがてんこ盛りで経験できました。でも、その日からほとんどアナウンサーの仕事ができず、今後10年間を見通してのプラン作成と千里丘の敷地、野球グラウンドに使っていた場所の一角に掘り当てた温泉をどう使うのかという現場一筋の日々が続いたのであります。

ということは、タヒチに行っていた8年と、この3年を足すと、足かけ11年、アナウンスメントの現場から離れていたことになります。

そんな私が、今回も突然のきっかけでラジオの番組を持つことになりました。しかし、これは異常な体験でしたよ。私は日本で7月9日にラジオ番組を持たないかと言われ、ほとんど安請け合い状態で引き受けたものの、翌日の電話で番組が始まるのは10月2日と聞かされ、番組開始まで2カ月半しかなかった……。

日本に来た時には53歳の誕生日を久しぶりに日本の友人達と祝おうと思っていたのに、思いもしない話が持ち上がったために、私の第53回生誕祭はまるで就職相談会のようになり、今、この国の中はどうなっているのか、どんなものが流行って何が嫌われているのか、もし私がラジオを担当するとすればどんなことをやればいいのか。皆が口々に語ってくれました。

でも、それだけで、つまり「番組をやりましょう」ということだけを決めて、タヒチに帰ったんですよ。放送時間がどれくらいの長さかもよく分からず、相手役がいるのかいないのか、いるとすればそれがどんな人なのか、すべては決まらないままタヒチに帰りました。

私はほんとに10月2日なんて、たった2カ月ちょっとというそんな短い時間で、月曜から金曜までの帯番組ができるわけがない。多分やっぱり春からにするわ……という電話がかかってくるに違いない。そう8割方思っておりました。だって考えてもみてください。私はタヒチの会社と、同じように経営しているニューカレドニアの会社をどうするのか。また、タヒチで購入して住んでいる家・土地をどう処分するのか。考えれば山のように難事が控えております。

それからは、FAXがしょっちゅうやってきました。新しくプロデューサーに決まった中村君からです。

「相手役にシルクさんはいかがですか?」

「名前は存じておりますが、どんな人柄かまではよく分かりません。そちらがこの人ならと思われるのでしたら、その方にしてください」

このやりとりで、今までずっと11年を越える長い相棒が誕生しました。驚くほどの早さで、番組のことがいろいろ決まっていきます。

私はタヒチとニューカレドニア、2つの会社の処理をどうするかという問題を、計理士、弁護士、社員、銀行の担当員と話し合い、持っている会社をどう処理するのがベストなのか、方法を探りました。複雑な交渉の毎日が続き、法務局への登録をどうするかということも、最終問題として浮かび上がってきました。

毎日毎日向こうのオッサン達の中でも一番気難しい部類に入る計理士、弁護士、役所の担当課のやる気のない役人を1日2人・3人と訪ね、しかも当然ですが、フランス語であれやこれやと交渉を重ねますんですよ！　もうノイローゼになりそうでした。でも私は「まだ8月の初めだし、急がなくてはいけないと言っても、9月の終わり頃に日本に行けばいいだろう」と愚かにも思っておりました。

ところが、その8月半ばにもなる前に、例によって日本から電話がかかってきました。田中兄さんでした。この人から何か連絡があるといろんなことが始まります。

「コンちゃん、いつ頃なら日本に帰ってこられる?」

「そうやねえ、まあ9月の終わりまでにはいろいろとカタをつけて行けると思うわ」

「ハッハッハ！　何をそんな冗談をおっしゃって。あのね、9月の初めには秋の新番組の宣伝のための記者会見や写真撮影をやらんとあかんと思っているんで、9月の第1週には帰ってきてよ。ま、いろいろあるのは分かるけどお願いしますわ。ほな、待ってるから」

やっぱり何かが起こりました。ワタシャーネェ、皆さん！　片付けなくてはいけないものは会社だけではないのです。私の住んでいるタヒチ本島の自分の家もあるのです。

これはタヒチに来た1992年の翌年、それまで借家におりましたが、この家のある場所の環境がもうひとつでね……。つまり、家の前が、その家のさらに奥の方にある、タヒチで定職の見つからない日雇い的な仕事しかしないタヒチアンのために建てられた救済住宅群から街の方に歩いていく通路になっていて、暇な人達はうちの家のあたりで休憩をしていくのですよ。それも無断で庭に入って車を洗うのに使う水道を出してガレージで数人がキャーキャー言いながら水遊びをしたり、隣の家のプールに塀を乗り越えて入って泳いでいたり、まあ好き放題をするのですが、向こうでは塀や門、家囲いなどは昔から問題ではなく、通行可能とタヒチ人が思えば通行して良いというような風習がほんまにあるのです。

で、これはアカンと。もうちょっと環境の良い住宅地で自宅を購入しようということで、テラス喫茶で知り合いになった不動産屋の兄さんの紹介で良い物件を見つけ、中級より上の住民が住む準高級住宅街で、海抜250メートルくらい、広さ1998平方メートル、日本で言うところの600坪の土地に建坪60坪の母屋。そして横5メートル縦8メートルのプール付き。母屋の海側には幅3メートル横15メートルの屋根付きテラス。これに接続された幅4メートルのプールの向こう端にまで30メートルにわたって伸びる横長の木製テラス。そして、海の向こう17キロ沖にはモーレア島が視界の約半分にわたって横たわる姿が見える。門の脇に小さな2階建て（1階が1LDK、2階がベッドルーム）と20坪ほどのテラス兼ガレージが付いてしかもフランス人の老夫婦の借家人までが付いているという物件を買っていました。

これを売らないことにはどうにも動きようがないという事態に直面しました。もちろん例の不動産屋の兄ちゃんにも連絡して、「誰からちの家を買ってくれる人、いないかなあ」と訊くと、「今はタヒチも景気があまり良くないから、なかなか売れないと思うよ」と言われ、「買った時よりかなり安くても諦めるんやで」と半ば脅しとも取れるような言い方もされ、早く売らなければならない事情を言えばさらに値下げ圧力が高まることは必定。これは言えない。

ところが何かがある方向に転がりだし、神がそうしろとどこかでおっしゃっている時には、驚くようなことが起こるものですね。3日、ええそうです。わずか3日でうちの家を買うという夫婦連れが現れたのです。一度うちの家を見に来た人がすっかりこの景色の虜になって「絶対に買う、買うから値段を聞いて来い」と言われて、例の兄ちゃんが「こうなったら近藤の8年前の買値で売ってみるか?」と持ちかけてきたので、素直な私は「うん」とうなずくと、本当にその日にその値段で売れたのです。兄ちゃんに言わせると、私は8年間タダで土地付きの家に住んだ、やり手の日本人実業家らしいです。

こうして、一番厄介でお荷物になりそうだった家があっという間に売れて、あんまり早く売れすぎて私の行き場所がなくなり、翌週からはホテル住まいをやむなくされました。

あとは会社関係の処理です。社員を集めて、私の気持ちとこれからの方針を伝え、今後の代理社長を任命し、弁護士に法的手続きをしてもらい……。と、こう書くと、順調にいったように見えますが、それはそれは大変な毎日でわずかの間にニューカレドニアにも3回行き来しました。言っておきますが、ニューカレドニアとタヒチはジャンボジェットで片道8時間もかかるんですよ。こういう難行苦行を乗り越えて、ほんとに奇跡のようにいろんなことが整理できて、私の日本行きは瞬く間に実現の色合いが急速に濃くなっていきました。

こうして気がつくと、わずか1カ月前には大阪で自分の誕生日を祝おうなんて気楽に思って日本に居たのに、1カ月過ぎた今では、現地の処理や手続きは順調に進み、もう日本に帰るしか方法がないようなことになってきていました。

こうしてタヒチ本島と向かいのモーレア島に住む日本人30数人の歓送会に送られて、私は1992年8月16日以来、丸8年間暮らした第二の故郷タヒチを離れ、日本に帰ってきたのが、2000年8月26日のことでした。この日から再び、日本で日本語の生活をする日々が始まり、いよいよ10月2日放送開始に向けて、すべてが動き出しました。

タヒチである日、体の奥のどこかで感じた喋り虫の胎動がいろんなところに現れ、思いもかけない形で外からも引っ張り出され、とうとう本当にマイクの前で喋る日がやってきました。私はまた喋り虫として暮らすことになりました。

ワァーッ！　風呂や、衣装や、靴や人や！

急な帰国だったもので、日本に帰ってきてから一番困ったのが住む場所でした。とりあえずは、昔からのお付き合いでいろいろご縁のある梅田の新阪急ホテル、ここは重役まで上り詰めた仲良しの兄貴分、梶本憲史さん（阪急ブレーブスの現役当時は梶本兄・弟の兄弟ピッチャーとして華々しく活躍し、お兄さんは後に監督までお務めになられました）が居られました。事情を話すと、

「よくウチに決めてくれた。よっしゃ、長い間向こうに行ってたんやから、日本式の風呂が付いて、洗い場で風呂桶でお湯を使える部屋が良いだろう」

と、私が一番恋しがっていた日本の風呂に入れてやろうということを配慮してくださいました。


これをなんと私が関空に到着して空港から携帯電話で、「お久しぶりです、近藤です。ご無沙汰を致しておりましたが帰ってきました。はい、今度はほんとの帰国で、

まず住むところを探さないといけないのですが、その住むところが見つかるまでの間、泊めてもらいたいのです。多分、1カ月くらいの間にはなんとかなると思います」と言っただけで、「日本の皆さんが家庭やマンションでお使いになっている、湯船の外に出て洗い場で洗うのと同じ構造の風呂場が設置されている部屋を長期契約で、しかも格安で貸してあげるように手配をするから」と言ってくれました。

そして、バスが大阪梅田の新阪急ホテル南隣の関空行きバス専用停車場に着く頃にはすでに、新阪急ホテルの、たしか10階のフロアにある部屋を手配してくれていたのであります。やっぱり持つべきは友、知り合い、ですね。わずか1時間でお世話いただきました。関空からの市内行きのバスが梅田に着いた時にはすっかり手筈が整っており、こうして私の大阪での当分の住処が決まりました。

帰ってきてからは目の回るような忙しさで、やれ記者会見、番組打ち合わせ、宣伝写真の撮影、いろいろとあったのですが、一番手を取られたのが日常に着る服を買うことでした。

年中常夏で、寒い冬(7~8月頃)でも夜明け前の最低温度が21か22度。観測史上もっとも寒かった時で18度。ですから、タヒチで暮らした8年で日常着る服の種類がほとんどアロハシャツだけになってしまっており、これはこれで気楽な生活ではありましたが、難点は世の中の流行のデザインとか色が全く分からなくなっていたということです。いわゆるブランド物と言われるようなものが今の世の中でどうなっているのか知るための手段、ファッション雑誌や週刊誌がほとんど売られていないし、売られるのはもっとも早いもので1週間遅れ、日本のものは皆無、こういう状況では興味も無くなるでしょ？

何年かぶりに、タヒチと比べれば地味な色合いだけど、各種デザインの豊富な日本の洋服を買おうと思ったものの、どこで買えばよいのかが分からない。

こういう衣装関係の問題は、河合邦夫という同い年の親友が登場します。日本の男性物で繊維業界では有名なコンサルタント（業績をここで挙げるのは簡単なことですが、読んでいる人はきっと「ウソやーん」と言うでしょうから、いずれ時を改めてご紹介しましょう）で、河合ちゃんのアドバイスに従って、安物の普段着からスーツまで格安料金で買い揃え、しばらくは着るものの心配はなくなったのですが、肝心なものが抜けておりました。

それが、これからお話しする靴。これはね、皆さんの日常ではほとんど経験することのないことが私にはあるのです。

タヒチというところは、常夏の国。ご存知ですよね。で、向こうの国の方々は、日本などと違って、日常生活に革靴やスニーカーなどのような、いわゆる靴はほとんど履きません。理由は？　暑いから。あんな暑い国で、特に舗装された道路などは、むちゃくちゃな高温になりますから、足の甲の部分を包むような形でスッポリと覆っている形の(例え覆っているものが布でも革でも)靴は全部暑い履物です。ですから、普段は風通しのよいゴム草履。オシャレに装う時にはサンダル。

正装時の格好は、まず襟の付いたシャツ(アロハでもワイシャツでも襟が付いていればOK)、柄はどんな柄であれ有っても無くても構いません。また、半袖が普通なので長袖でなくても良いのです。ネクタイも不要です。これに長ズボン(変かもしれませんが、公の場では絶対に半ズボンは許されません。理由は知りませんが、昔からそうだと言われています。それとジーンズも不可。街のダンスクラブやディスコでも半ズボンと、長ズボンでもジーンズは入場お断りと言われますよ)。

そしてなんと、履物は何を履いていても、問われません。だから、襟付きのシャツに長ズボンで足元がゴム草履でも立派な正装となります。

でもね、不思議なことがひとつあって、こんな格好で大統領官邸のパーティに呼ばれても行けるのに、週に1回の教会のミサには、必ず長ズボンで襟付きのシャツに、なんとジャケットを着ていくのです。しかも、ネクタイをして。このあたりの違いというか、基準はよく分からないのです。彼らにとって、教会はそれだけ特別なものなのだろうとしか思えません。

そうそう、靴の話をしてましたよね。靴はそういうことで、この国タヒチでは、普通の生活にあまり重要ではありません。しかし、外からのお客様、つまり観光客などには、この国の風俗習慣はなかなか理解してもらえませんから、空港の通関業務に当たる係官、警察官、ホテル関係者、旅行会社の社員などは靴を履いています。需要はそんなにありません。だから、日本のように靴屋さんは無い。靴が欲しければ、外国で買ってくる以外にないのです。私は日本に仕事で帰ってきた時に、大阪の大国町あたりに出かけて、靴も買って帰るのです。

ところが、何足も買って帰ると、毎日新品を下ろして使うということはしませんよね。そこそこの物から使い始めるでしょ？　そうするとね、一番良い靴は、そう、何かの時に使おうということで、あとの方で使うというか、下ろしますよね？　そしたら、その時までには長い時には1年か場合によっては2年経っていたりするのですよ。で、ある日ある時、いよいよその大事な何かの時がやってきます。新品の靴を履いておでかけします。街のメインストリートを格好良く歩いているつもり……、と、その時後ろを歩いている友人が、

「あれぇ、これなんか変な粉のようなものが落ちていますよ」

「えっ、ほんまや。なんやろ、パラパラ点々と続いて……、これ靴の底からこぼれ落ちたようになって。なんじゃらほい」

というようなアホなことを言いながら、歩き続けること50メートルほど……。

「あのぉ、近藤さん、これは?」

と言われて、振り返ると、友人は白いようなわずかにひょうたんのような趣のある厚みが1センチほどのものを顔の前に差し出して、変な顔をしております。私は私で、右足の裏に妙な爽やかさというか空気の流れを感じて、「まさか」という思いで、右足の靴の裏を眺めてみれば、なんと、靴の底がまるまるスッポリと抜け落ちているではありませんか。これは、絵に描いたような接着剤と柔軟プラスティックの靴底の劣化によるものです。外から見れば、普通に靴を履いているように見えま

すが、裸足の外を上から靴の生地で包んだようなもので、生地の中ではヤワな素足がアスファルトの上を裸足で歩いているのであります。間もなく、左足も右足を沿うように同じ運命をたどろうとしております。それは、左足の裏に伝わってくる、靴裏の響きで分かるのであります。

タヒチ島の中心になる町パペーテ。その中心にある、赤テントを歩道の半ばまで張り出した有名なカフェテラス。商売上手なユダヤ商人のオッサンがやっています。ちなみに、ここの日本人向けの日本語メニューは私が作りました。コーヒー1杯とアイスクリームをオッサンにおごってもらっただけで……いや、そんなことはどうでもいいのです。私は世間に知られることなく、本当に何気ない顔で、その店の赤いテントの下、いつもだいたい座る席に、「足って結構弱いんだ……。こんなに少しの距離を、底の抜けた靴で歩いただけでイターイ！」と心で叫びながら、「コーヒー」（フランス語

では、「アン・カフェ・シルブプレ」）と冷静さを装って注文し、連れの友人に「もうなんでもかまへん。スリッパ以外のものならなんでもええ〜。草履でもサンダルでもええから、買うてきてちょうだい」と頼んで、帰りは足のサイズの合わない（これも内緒ですけどね、向こうの人は体が大きい、私は足のサイズが26センチですが、向こうのサイズは平均で30センチ。私のサイズは小学校高学年から中学生でも小さい方のサイズで、普通に売られているのは大人用ですから、こんな時にはまず簡単には見つからないので、もっとも平均的なサイズ、30センチを買うことになります）でっかいゴム草履を引きずるようにして履いて帰ったのであります。

これで皆さんもお分かりでしょう。靴はあのような温度と湿気のある場所では、どんなに丁寧に箱に入れて置いてあったとしても、一定の時間が経つとボロボロになってしまうのです。靴は履いてやって、荷重をかけ曲げたり引きずったりいろいろしてやって、初めて靴としての機能と役割を果たすのであります。

もうひとつ、これはつまり靴の値段によっていろいろあるというのでもありません。靴は靴として使用してこそ値打ちがあるし、機能が発揮されるのです。丁寧に置いていた新品の靴の底が抜けるなんて想像もしないことでありました。

こうして8年ぶりの帰国から1週間を経ずして靴もシャツも、ちゃんとしたところに着ていけるようなジャケットやスーツまで揃いました。

最初の1週間は、あっという間に過ぎていき、ようやく、朝起きて昼の時間を過ごし、夕方に晩ご飯を食べて夜テレビを見て深夜になる前に眠る、という生活リズムのようなものが意識できるまでに落ち着いてきました。これで、本当に日本での生活がスタートできる準備、態勢が整ったというところですね。

しかし、今思い起こしても8年という年月は長かったのか……わずか8年なのか、8年もの長い間なのか。私にとってそういうことを考える余裕は無かったのですが、8年間、文化・人種・人口密度の違う世界にどっぷりと浸かっていると、いや、私などは仕事の営業で日本に年2～3回は来ているから全く日本の世界と途絶しているとは言えないものの、それでもタヒチ生活の方が長くなると、当たり前の基準が知らず知らずの間に変わってきていました。毎晩の疲れのひどさは、出かけるたびに経験する、人の多さによる「人疲れ」だったと気づいたのは、帰国してから10日目頃でした。

運命の10月2日

あれは西暦２０００年10月2日午後2時。いよいよ「こんちわコンちゃん2時ですょ!」の第1回放送が始まりました。覚えておられますか? 最初はお昼12時半ではなく、午後2時から4時までの放送だったのです。その初日、今ここにその日の放送の出演者や各コーナーの要点だけを書いたノートがあります。今から11年半ほども前の古いノート。まるでいつか自分で書いた日記を見るような、懐かしくもあり、照れくささもあるノート。忘れていた記憶がこのノートでよみがえります。

あの頃は、お昼から2時までの「お茶しましょ」という番組に続いて「こんちわコンちゃん2時ですょ!」が始まっていました。初日は「お茶しましょ」の月曜担当だった大平サブローさん、オール阪神さん、石田敦子アナの3人とウチの番組の私と渡辺たかねちゃんが掛け合いトークをするところからスタートです。とんでもない話をしておりました。

「私は2008年のオリンピック開会式の中継の司会者をしたい」という、まことに私らしいホラ話で始まっていたと書いてあります。思い出しました。たしかに言っておりました。そのような話をした記憶があります。

〝どんでも話〟に続いて、リスナーの皆さんにお願いしたアンケート、「あなたはコンちゃんを知っていますか?」(この結果は番組の最後の方で発表しております。知らない32／知っている542)。この結果を発表した時、本当に心からホッとしたことも思い出しました。

こんなことで始まった「こんちわコンちゃん2時ですょ!」。はじめの頃は、月曜から木曜までの週4日。だから毎週金曜、土曜、日曜の3日間は自由に使え、いろんなところに行きました。でもね、そんなおでかけの前に、私はホテル住まいでしたから、まず自分の住処を探して決めなければ落ち着きませんよね。

放送が始まる1週間ほど前、心のどこかに少しの焦りもあって「早よ決めんと、宿無しではないけど住所不定のパーソナリティになってしまうがな」という気持ちがあったのでしょう。梅田のHEPファイブと阪急梅田駅の間、JRのガードをくぐってHEPへ抜けたところに、ちょっとした広いところがあって、そこに各種のビラを段々に入れた衝立のようなものがあります。映画でも観ようかと通りすがった時に初めてこれに気がつき、よーく見てみると、部屋探しの案内ビラが目につきました。今になって思えば、これは若者への案内で、決してオッサン向けでは無いのですが、タヒチから帰ったばかりの私には「日本ってなんでもある国やな。有難いやないの」としか映りませんでした。

1枚引き抜いて、書かれてある不動産事務所に向かい、中を訪ねると事務員の若い男の人が不思議そうな顔をして、

「はーい？　あのぉ、オタクがひとりでお入りになるのですか？　お持ちのビラに載っているのは全部1LDKですよ？　ご家族はおいでにならないのですか？」

「ええ、私ひとりですけど……、でも、単身赴任ではなくてひとり暮らしなんです。イヤ、貴方が今考えているような複雑な家庭事情ではなく(顔を見れば、一目で分かるような「このオッサン何かおかしなことでもして、警察絡みの事件か何かでややこしいことにならんやろうな」というような目つきが痛いほど分かる)、私は海外で暮らしておりましたが、このたび帰国して大阪で仕事をすることになりましたので、ええ、もちろん、仕事はもう決まっておりますので、ご心配には及びません」

ここまで言うとやっと落ち着いて話を聞いてくれそうな雰囲気になってきました。

「できたら、2か3LDKのマンションで小綺麗なところに住みたいなぁと思っているんですが……」

「あのね、お客さん。ここは若い人対象の店で、そういう一般型は向こうの本店の方で扱ってます。ここに地図を書いたパンフがありますから、赤丸で印を付けているところに行ってください。向こうの店長には電話をしておきますから」

こうして、ややこしそうなオッサンである私は無事、若者専用の不動産店舗から送り、というか、やっかい払いされて、当時のうめだ花月や昔のアメリカンコーヒーの店が並ぶ、富国生命ビルの道路向かいの筋にある、一般市民用店舗へと向かいました。

行って良かった！　ここの店長がそこそこのお年。昔、日本に居た頃（言うても10年ほど前まででですけどね）に出演していた「あどりぶランド」のファンでよく観ていて、私のことを知っていてくれたのです！　こういう時の嬉しさはアナウンサーという仕事をしていて本当に良かったと思う瞬間でもあります。

「お客さん、近藤さんでしょう？」

なんという、心地良い響きでありましょう。ちょっと照れたような、少し恥ずかしそうな心根を込めて、

「エッ！　ええ～、はい近藤です」

「やっぱり、それならそうと早く言ってくだされば良かったのに。行かれた店舗は、若い人のための、ちょっとだけマンションみたいなものを案内する店ですから、店員も若い子しか置いてませんので、分からんかったんでしょうね。すみません。で、今回お探しのマンションは？　誰がお住まいに？　えっ、近藤さんがおひとりで？　奥さん居てはったんちゃいます？　いや、そうちゃうから今日来はったんですよね」

（この店長、最初はええ人かなと思ったけど、よう喋る奴っちゃなぁ！　でもまあ、不動産のセールスを長い間やってきて、店長まで上ってきた人やからしょうがないかもな）

「ま、いろいろありまして、しばらくはひとり暮らしですよ。ですから、それに合うようなそこそこの物件をお願いします」

「そうですか。お急ぎですか？　できれば、今日中？　ウーン、いや、なんとかしましょう！　表に車を持ってきますので、ちょっと待ってくださいね」

奥の店員さんに、

「オイ、車出してきて。それから、新しい物件ばっかりのリスト作ってたな、あれを渡して」（そんなんわざとらしく言わんでもええんちゃうのん）

「ほな、近藤さん行きましょか！」

と、2人して店を出てから、皆さん分かります？　車で物件案内をしてもらうのですが、ずーっと2人きり、なんで毎日放送を辞めてハイチというようなワケの分からん島に行ったのか……。

「いや、ハイチではなく、タヒチ」とか、「たしか、昔は奥さん居てはったのに、今どうしてひとりなの？　さっきは店で他の者もおったから言いにくい雰囲気やったかもしれんけど、今はこうして車の中で他に人が居ないからなんでも言ってくださいよ」とか、まるで私が頼んで悩みの相談に乗ってくれとお願いでもしたような変なことになり、こっちはこっちで、ちょっとでも良い物件に案内してもらいたいから向こうの機嫌を壊したくないので、そこそこ適当に話を合わせないといかんし。

この日に案内してくれた4軒、部屋の印象はあまり残っておりません。この日は店長によると、突然の来訪であまり良い物件の準備ができていなかったので、もう

1日チャンスをくださいということで翌日行きますと、「お待ちしておりました。今日は決めさせてください。バッチリです。ささ、参りましょう」と行きましたが、1軒目が都島、手元の地図と実際の道路が一致しない。どうやってもそこにたどり着かない。

「近藤さん、こんなところはあまり良くないですよ。道路が入り込みすぎて、住んだら不便です。止めときましょう」。私も不安があるから「そうしましょう」と2軒目、これは当時の朝日放送と営業を中止して久しいプラザホテルの一本裏の道、あみだ池筋に面して、交番も近く、道路向かいが公園。なかなか良い立地。マンションの4階、部屋が横に長く、各部屋の窓が道路に面していて大きい、明るい、横に3部屋（6畳、8畳、6畳）、襖を開けると仕切り壁が入って、20畳の広い部屋になる。

ところが、道路を通る車の騒音がややうるさい。不動産屋の店長は「ここの道路は昼間は結構通りますけど、夜はほとんど通りませんから静かですよぉ」と言っておりましたが、そんなことはありません。今、私の通勤道路、このマンションの前を通って毎日放送に通っておりますが、昼も夜もよおけ車が通っております。そしてトドメ。

「あのー店長さん。ここ、部屋は広くてええと思うのですが、どこにもクーラーが見当たらないということは、私が入居するにあたって道路側だけでも3部屋分、奥の台所やらを入れて、少なくとも4台買わないといかんのでしょうねえ」

「えっ！　まあ、そうですね」

結局、この物件は割高になるので、止めにしました。もうアカン、もうちょっとしっかりした不動産屋さんに行こうと決心しかかったと同時に店長が、

「近藤さん、このホンの近くにもう1軒あります。ここは家主さんがええ会社でね。是非もんでもう1軒だけお付き合いください」と言わず語らずで、雰囲気を察知した店長がすすめるものですから、近くならまあええかと思って頷きました。

すると、ホントにすぐ近くの14階建のビルの13階の端部屋、3LDKの物件でこれはなかなか良かった。ここで決めました。

あとから分かったことなんですが、ここの部屋の南側のベランダから500メートルほど南南西に小さな公園が見え、その傍らに茶色の洒落た6～7階建てのマンションがあったのです。ここに、なんとアナウンサーの同期だった平松君（ハイ、後の大阪市長です）の部屋があったのです。このマンションに移り住んで数日後のあ

る朝、その平ちゃんから電話がかかってきました。

「おはよう！　何してんのん。ご飯食べてる？　そんなことほっといて、ちょっと外に出てみいへんか？　ちゃうちゃう、出かけるのんちゃう。ベランダに出ておいで、ベランダ、おっ、出てきた出てきた」

「えー？　なんで分かるの？　下に居てるの？　なんで俺が手すりから下を覗いてるのが分かっているのに、俺はあんたがどこにいてるか分からないの？」

「なんで平ちゃんだけが分かるの？　何？　その、俺には皆分かるって？」

「コンちゃん、そのベランダから南の方を見てみ。公園があるやろ。その公園の横の茶色いお洒落なマンションがあるやろ。そこの最上階の右から2つ目のベランダをよーく見てごらん。誰かが手を振っているやろ。そう、それが私、平松ちゃん」

それが判明してから後、毎朝のように携帯を片手にベランダから電話がかかってきます。

「おはよう」

互いに手を振って、昨日の夜、なぜ遅かったのかを語り合ったりしたのです。

番組が始まった頃の懐かしい話でした。

第2章

日本は、やっぱりええなあ

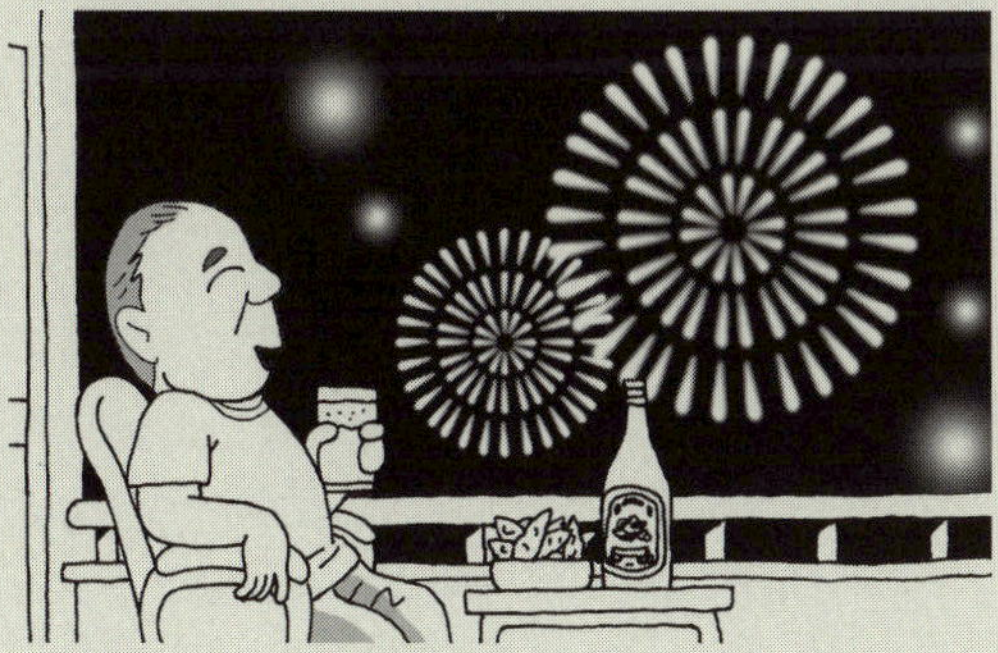

鯉の飴炊きいかがですか？

ここまではできるだけ、時系列に沿ってお話ししようと思っていましたが、私の記憶も何年何月何日にと言われると、甚だ怪しいものがありますので、ここからは思い出すまま気の向くままにいろいろ書いていきましょう。

今、ふっと思い浮かんだのが、私の好きな汽車の思い出。日本に帰ってきて一番やりたかった旅が、夜行列車の旅。「どこかに行きたい、汽車に乗って」と思った私の脳裏に浮かんだのが「鯉の飴炊き」。ご存知ですか？

昔、田舎に流れる綺麗な小川に釣りに行きませんでしたか？ 細い竹の棒の先2メートルほどを切って、先端に凧糸のようなちょっと丈夫な糸を結んで針だけはほんまもんを買ってもらい、それを付けて釣りに行ったりしませんでしたか？ エサはもちろんミミズでした。

私の父方の実家が広島県庄原市尾引町という本当に山深いところにあったので、

こういう幸せに恵まれたのですが。小学生の頃、夏休みに父親の実家に行かせてもらい、名も無い小川でコブナやモロコ、上手くすると小さなナマズやウナギまでもがかかったものです。

しかし、今思えばこれが皆小さい。私の中ではこれは大きいと思ってバケツに入れたものでも12～3センチ。文字どおりの小魚。でも、実家のイセヨのおばちゃんは私のちょっと自慢の釣果を見て「よう捕りんさったねぇ。大漁、大漁」と言って台所の奥に運んでいき、夕食にはこんがりとした醤油色に包まれた小魚類の飴炊きが、どれがフナでどれがモロコかもよく分からない状態で大皿に盛られていました。炊いたらさらに小さくなって縮んではいますが、これまたどの魚を食べてもおいしい！　という思い出が残っております。

それが頭に残っていて、大人になった私の脳裏に浮かんできたのは、その昔「あどりぶランド」という毎日放送アナウンサー総出演の人気番組の中で、山形県鶴岡市朝日地区の山中にある大鳥池に生息すると言われる有名な幻の巨大魚「タキタロウ」（以前から目撃者や目撃談が数多くあり、新聞や週刊誌に取り上げられたことも多く、これらを集めて展示したタキタロウ館というものまである）の取材に行った時のこと。ここから先に人家はないというあたりに「朝日屋」という民宿があり、大鳥池まではこの民宿から山道を歩いて3時間余り。取材初日はこの民宿で泊まらないと大鳥池までたどり着けません。タキタロウに会いに行くにはここで泊まるのが常識になっています。その「朝日屋」で夕食に出してもらったのが鯉の飴炊き。これがおいしくてお代わりを頼んで笑われました。

そういう思い出が頭を駆け巡ったのが運の尽き、また行きたい、あの飴炊きもまた食べてみたい！　そんな気持ちが体中にあふれ、番組も「こんちわコンちゃん2時ですょ！」の時代は月曜から木曜まででしたから、週末は出かけやすかったこともあり、あれは大阪の桜が終わったばかりの頃、大阪発の夜行列車「日本海」に乗って出かけ、早朝に鶴岡駅に降り立ちました。あっ、これは余分なことですけどね、「雪の降る町を」って歌をご存知ですよね？　あの歌はこの鶴岡を歌ったものであるんですよ。駅前の植え込みの中に設けられた石碑にそのことが書いてありました。本当に余談でした。

久しぶりに乗った大好きな夜汽車。それも何年かぶりに乗った寝台夜行列車、嬉しかったですね。あの朝も鶴岡の駅は寒かったような気がします。古い記憶をたどってタキタロウをインターネットで探し、山形県鶴岡市朝日村まで辿ったところで「朝日屋」という民宿を思い出しました。電話番号を調べて電話をかけ、泊まった日の夕食に必ず鯉の飴炊きを付けてほしい、付けてくれるなら泊まりに行くと言って予約を頼みました。向こうも妙な客だと思ったのでしょうけど、とりあえず引き受けてくれました。

朝4時前に着いた鶴岡はまだ真っ暗。駅の待合室で、世の中が動き出すのを待って数時間（だから鶴岡が「雪の降る町を」のモデルタウンということも知っているのです。暇でね、行くところも分からないから、駅前のあたりをウロウロするところいう石碑の文字を読んだりするのですよ）。ようやく仕事が始まった駅前のレンタカーショップでナビ搭載の車を借りました。最寄りの高速道路に入り、1時間半ほど走る。途中のパーキングエリアで「ずんだ餅」を食べながら朝日連峰を眺め、インターチェンジを降りて地道をさらに1時間半ほどゆっくり走り、山の中の1本道を行くと右にタキタロウ広場、右斜め向こうにタキタロウ館の看板が見え、そこで反対側を見ると左の角に建っているのが民宿「朝日屋」。

4月の中旬、あたりではまだ雪も残っているこの時期に大鳥川や本流の赤川名物、

30センチ超の大イワナ釣りに来るお客さんも少なく、この日の客は私ひとりでした。風呂も済ませた夕食時に、

「こんな時期にお客さんはひとりきりで、釣りをするふうでもないし、なんでまたこんなところに来られたのですか？　それにウチの夕飯に鯉の飴炊きをどうしても出してほしいと頼むなんてどうしてですか？」

と女将さんに聞かれたので、

「昔、1985〜6年頃ですから、今から14〜5年前、タキタロウの取材に大阪の毎日放送が『あどりぶランド』という番組の取材でやってきて、ここにお世話になりました。その時のアナウンサーが私で、あの時夕食に出していただいた鯉の飴炊きがあんまりおいしくて、お代わりをお願いして笑われました。あれからしばらくして、私は会社を辞めてタヒチという南の島に行って、もう日本に帰ってくる気はなかったのですが、いろいろあって帰ってきまして、最近フッとあの時の鯉の飴炊きの味を思い出しましてね。たまらず無理をお願いしてここに帰ってきたというわけです」

そう言うと女将さんは、

「私覚えてますよ。あの時、私が鯉を炊いたんですよ。タキタロウの取材でNHK以外のテレビ局が、しかも大阪のテレビ局が来たのは初めてだったのでよく覚えていますよ」

「たしか、あの時にこちらのご主人が朝日村の村会議員に初当選されて、そのお礼や挨拶回りでお忙しくて、おかまいできませんとおっしゃってましたね」

「ああ、そうでした。それもあって、よく覚えているんだと思いますよ。あの時初当選した主人も今年からは村議会議長になることになっておりましてね。でも、来年からこの朝日村も鶴岡市に編入されることになって鶴岡市議会になるんで、ウチの主人も引退するんですよ」

こんな話があって「さあさあ食べてください。鯉の飴炊き、私が炊きました」と出てきたのが待ちに待った飴炊きでした。1匹の鯉の頭を落とし、胴体を輪切りにして3つくらいに分け、濃い目の醤油味付けで甘辛く、その汁はトロ〜リとして……。この甘味に以前は砂糖の代わりに飴を使ったことから飴炊きと名付けられたと言われています。

十何年ぶりかで口にする飴炊きはうまかった。本当においしかったのです。女将さんは一皿平らげたのを確認して、黙って二皿目を出してくれました。そして、二皿目もペロリと食べてニッコリする私にやや冷たい（大阪で言うところのアホちゃうか〜という）視線を向けながら、三皿目も出してくれましたから、ご飯よりも鯉だけでほとんど腹一杯になってその日は久しぶりに幸せな夜を過ごしました。

翌日は朝からカメラを持って「朝日屋」のすぐ側を流れる赤川という一級河川に沿って山道を辿り（いいえ、残念ですが、私は高校時代登山部におりまして、以前若かりし頃に来たことのあるこの山の記憶は体に残っておりますから、50を超えてこの山を、今ならきっと4時間もかけて登ってタキタロウに会いに大鳥池まで行こうなんて考えてもおりません）、このあたりの河原に時折群生している高さ10センチにも満たない、紫の小さな花を咲かせている片栗の花を写真に収め、帰路につきました。

帰りは、山形空港から伊丹空港までひとっ飛びの予定で山道を下り、再び山形自動車道へと入りましたが、ここからが長かった。昔の六十里越街道の傍らを走り、月山を越えただひたすらに山形空港へと向かいます。もう少し、4キロも走れば山形空港とナビが示したあたりで、俄にそば屋の看板が増えてきました。しかもすべて

の看板に「肉そば」と大きく書かれています。
私は大阪の人間です。しかも、今回は鯉の飴炊きを食べたくてはるばるやって来たような人間ですよ。こんな次から次へと「肉そば」「肉そば」と、のぼりや看板が出てきたら、気になるでしょう。できるだけ老舗風に見える1軒を選び、入ってみました。ほとんど満席状態でお客さんが入っています。頼んだのはもちろん「肉そば」。待つこと暫し、出てきました黒っぽい丼鉢にそばが見えないほどの細切れ肉、イヤ違う、牛肉にしては色が白すぎる。では、豚かと思っても脂肪と肉とのバランスがなさ過ぎる。ではこれはと思って口にしたらなんと冷たい！　山にはまだ雪が残るこの季節に冷たい汁そば、そしてその肉はそうです、鶏。大阪で言うところのカシワですわ。

私はビックリしました。山形では、年間を通じて「肉そば」と言えば、この冷たい汁そばで、上にたっぷりと、薄味で炊いたような鶏肉を乗せて食べるらしいのです。見回せば周りのお客さんもほとんど全員がこの肉そばの丼を掴んで普通に、何事もなくそばをすすっておられます。ついでに申し添えますが、多分あの鶏は地鶏で、しかも決して若い鶏ではありません。歯とアゴの弱い方にはおすすめしません。

軽い驚きと、最初に抱いた肉そばというイメージと現実の鶏肉がてんこ盛りの冷たい汁そばのギャップを噛みしめながら、20分ほど後に表に出ました。しばらく走ればいよいよ空港ですが、空港の周りはビニールハウスだらけ。これが皆サクランボの栽培ハウスで銘柄は佐藤錦。これはハウスの入口のところに書いてあったので、間違いありません。

私が見た時はちょうど花の時期。これが同じ桜と名前がついている木とは思えないほど貧相な白い花が満開に咲いておりました。あれが山形名物の佐藤錦というサクランボになるのでしょうね。空港の売店ではまだ花が咲いているのに、「今年のサクランボの予約受け付けます」と書いていました。

私は、そんな高価なものには目もくれず、冷凍のずんだ餅をスタッフのために買い求め、飛行機へと向かいました。

「ありがとう山形、鯉の飴炊き、またいつか食べに来るからね。肉そばも忘れへんよ」と心の中でつぶやきながら、大阪へと飛び立ちました。

日本は桜

私は兵庫県の西宮市育ちです。幼稚園に入る前の年から西宮市の越水町というところに住んでいました。西宮市は昔から桜が多く「市の木」は桜。春は小学校に行く時も、中学校に行く時も高校に行く時も通学路や途中の公園、川の土手などあちらこちらにタップリと咲く桜を満喫しながら登校下校の景色を十分に楽しんでおりました。ですから私の脳みその中は春イコール桜で始まるようにできております。

ところがタヒチに住んでいた8年間、桜には縁がありませんでした。なんでもそうですが木でも花でも寒暖の温度差は必要で、それがあるから花も咲くし実も成るというものです。タヒチのような南国の楽園はこの温度差というものが非常に少ない。年間の最高気温が36〜7度、最低気温が22〜3度では人間には心地良いのですが、桜はもちろん大根も人参も、玉ねぎも白菜も、イチゴも桃も育たないのです。

私は会社の営業活動で日本に帰ってきた時に成田空港の土産物店で野菜や花、果物の種を売っているのを見つけて向こうに持って帰り、裏庭のできるだけ涼しく風通しの良いところを探して植えてみましたが、何ひとつ芽を出すこともなく終わりました。

タヒチにはたしかに花はたくさんあります。でも、多分お気づきではないと思いますがタヒチの花はほとんどが木の花なんです。ブーゲンビリアもハイビスカスも木の花でしょ？　日本のように地面から茎が出て葉が茂りその中から花が咲くというような草の花はタヒチではショウガかストレリシア（極楽鳥花）くらいで、あとは皆、木に咲く花です。

日頃はこういう色の濃い、あでやかな花に囲まれて生活するのも良いのですが、年中いつでも咲いております。次から次へと咲いて咲いて咲きまくります。そうなると年に1週間ほど咲いて、はかなく散っていく日本の桜が恋しくなります。

そんな気持ちになっていたある日、これも仕事の一環でニュージーランドに行きました。オークランド空港に降り立ちタクシーに乗ろうと表に出てフッと左手を見た時、幹の太さが私の腕より細く高さも2メートル足らずのはかないくらいに痩せて頼りない桜の木に、ほんの十数輪の桜の花がひっそりと咲いているのに気がつきました。心を打たれました。やっぱり花は桜や！　その時の気持ちが今でも心のどこかに残っています。だから日本に帰ってきてからはやたらに桜の花を求めてウロウロするのです。

帰国後、最初の桜はやはり幼い頃から親しんできた西宮の夙川沿いの桜並木、これは全長が長く、阪急甲陽線の苦楽園駅のやや北あたりから海辺まで川の土手沿いに延々と続く桜並木で、その見事さは「ほぉ〜っ」とか「う〜ん！」とかいう言葉でしか表現できないものがあります。この西宮の桜は夙川沿いだけでなく『日本書紀』にも載っている古い神社「広田神社」の周囲を流れる御手洗川（ミタラシガワと読んでください）沿いの桜も見事なんです。

さらには甲山《かぶとやま》の麓に広がる公園の桜、これらを一挙に眺め桜のトンネルをくぐるという幸せを、一番安い料金で楽しむ方法をそっと教えてあげましょうか？　阪神西宮駅北側の出口にある市内循環バスに乗ることです。西回りでも東回りでも普通の料金で市内の主な桜どころをぐるりと回ってくれます。でも、私は西宮の子、自分の車で皆さんの知らない場所にスッと行って、ゆっくりひとり花見ができるところをたくさん知っているのであります。教えないけど地元の人は知っていますよね！　これを済ませてから、北へ向かう桜前線のどこかを捕まえに行くのです。

もっとも感激したのが青森県は弘前城の桜、この時、今はもう姿を消して季節列車になってしまった寝台列車「日本海」で行きました。ガタン、ゴトン、ガタンゴトンという走行音、誰も居ない深夜の駅、ガッタァ～ンッ、ゴンッゴンゴンという発車の時の揺れと音、すべてが遠く懐かしい音と振動でした。そして翌朝の8時前に弘前駅に着きます。

タクシーで弘前城に向かうとほんの数分で到着、追手門前に着きます。ここで車から降りて追手門に入る前にまずお濠を覗いてください。緑の水をたたえた濠が、びっしりと散り落ちた桜の花びらに覆われて桃色になっています。もちろん、これは行く時季によります。桜が散る前に行ってもこうはなっていませんよ！

そして、追手門を抜けて行くと、桜の並木とあちこちに目を奪うように咲き誇る桜、サクラ、さくら、その数２６００本、入り口を抜けて道沿いのすぐ左にテントが張ってあり、そこがボランティアの一般市民の方が案内係として待機しているところです。ここでお願いするとボランティアの方が、なんと無料で２時間余りにわたって、弘前城の中の桜の種類や名前はもちろん、そこに植えられたわけや植えられて何年経つかなど、事細かに説明してくれます。お城の歴史や遺跡も丁寧に説明してくれます。

お城の裏手に行くと石垣が崩れて山の斜面のようになったところがあり、「これは長い間に崩れたのでしょうね」という問いに「いいえ、これは昔から土の斜面のままですよ。ここの地面をよく見てください。色は黒くてそうは思えないのですが、粘土質で、昔の侍が甲冑を付けてこの城の裏手にある石垣のない斜面を襲ってきても、鎧や甲の重みで足が滑ってこの斜面を上がれないのですよ」などと教えてくれるのです。

ところが、この斜面になっているところの向こうには、城を取り巻く濠の一部に貸しボートがあふれ、満開の花の重みで枝先が水面に触れそうなほど垂れ下がった桜の花列を目の前に眺めて楽しむ２人連れがいっぱい。満開の桜の隙間からは真っ青な空が広がり、さらに向こうには、山頂近くにまだ白雪を残した岩木山。この天然の配列に言葉を失いそうになりました。まだおいでになっていない方には是非おすすめいたします。

そして桜とは離れますが、ここで特別情報を。青森県は日本一のリンゴ生産県、その青森県で一番のリンゴ生産を誇るのがこの弘前市なのです。ボランティアのおじさんが、お別れの挨拶をした時にそのことを教えてくれて、

「近藤さんはアップルパイはお好きですか」

「私、大好きです。というか大好物です」

「それはよかった、ではね、入ってこられた追手門を出てすぐの横断歩道を渡ると、左側に市立観光館がありますから、そこの受付で弘前のアップルパイ・ガイドマップをもらってください。驚かれますよ」

と、おみやげ代わりの情報プレゼントをいただきました。どんなもんやろうと楽しみにして行くと、受付の人に「すみません、今日の用意分は出てしまいました。下の事務所に行ってもらったらまだあると思いますから」と言われて階段を下りて長い薄暗い廊下を歩いて事務所に行き「アップルパイの……」というと、ここでももう無いと言われ、ガックリして帰ろうとしたら、奥の部屋から「1枚だけあったよ」と

声がして貴重なその1枚をもらってビックリ、なんと弘前市内には45軒ものアップルパイ屋さんがあってそこの店の住所、電話番号、アップルパイの特徴、そして甘味、酸味、食感、シナモンの程度がリンゴのマークの数で表してある一覧表が載っており、裏表紙には弘前市内の地図と45軒の店の場所が印刷されています。

桜はタップリ観たから食欲に変更して、タクシーの運転手さんと相談しながら3軒ほど回って（これはと思う店では午後にもなると皆売り切れ続出で、なかなか買い求めることができなかったのが理由です）、自分達のものを買い求めて帰りました。私の心の中には日本一と言われる弘前城の桜、口の中には日本一の生産量を誇る弘前のリンゴで作ったパイが今でもしっかり残っております。

そしてもうひとつ、2月上旬から3月上旬まで咲き誇る桜、伊豆半島の河津桜をおすすめしておかないといけません。新幹線の熱海駅でJR特急「踊り子」号に乗り換えて1時間ちょっとで河津駅に到着します。駅を出て右手線路の高架沿いの道を250メートルほど行くと河津川の土手道に行き当たりますが、そんなことは書かなくても、駅から川端までほとんど隙間無く屋台店が並んでいます。ここで皆さんは絶対にビックリします。だってほとんどの売り物に「桜」と名前が付いているのですから。

「桜饅頭」は良いとしましょう。「桜羊羹」「桜せんべい」「ソフトジェラート桜の花」「桜ソバ」「桜うどん」「桜生ビール」「さくらモッフル」「桜ソフトクリーム」「桜キャラメル」「桜茶」「桜うす焼き」「桜ふわっこ」「さくら葉餅」「さくら棒」「桜しぐれ」「桜あんパン」「さくらロール」「さくら手ぬぐい」「さくら鯛焼き」。どうです、こういう看板やのぼりが押し合うようにして並んでおります。

でね、この桜が何本ほど、川の土手沿いに植わっていると思います？　海のすぐ側の浜橋から一番上流の峰大橋まで8本の橋を数え、その長さはなんと約4キロ、本数は約８０００本、その間ほとんど川から土手、土手には黄色の花を付けた菜種、河津桜、散策道路、ズラーッと続く店と並んでいます。こんな規模の桜並木はなかなかありません。しかもこの桜は1カ月にわたって咲き続けます。

はじめは昭和30年2月に川沿いの田中地区の土手に1メートルほどにひょろりと芽吹いた桜の苗木を飯田勝美さんという地元の方が気づき、家に持って帰り育てたのですがなかなか花が咲かない、ようやく花が咲き始めたのが昭和41年頃、その後、早咲きで赤みが強く長く咲き続けるこの桜が評判になり、寒緋桜と大島桜との自然交配種と分かり、「河津桜」と名づけられたと言います。原木は樹齢約60年、高さ約10メートルになって今も飯田さんの植えた場所にあふれそうな花をつけて堂々としていました。

日本のあちらこちらに桜の名所と言われる場所が無数にあり、咲いている時も散る時も美しい桜、散り際の潔さまでが誉められる花は他にあまり聞いたことがありません。桜バンザイ！

で、どなたか「さくらモッフル」と「さくら棒」「桜ふわっこ」がどんなものかご存知の方がおられましたら教えてくださいませんか？

「桜饅頭」はいろいろ味があって店によって違うのは数種類買って帰ってよく分かりました。それとね、河津は隣の稲取で獲れる金目鯛がおいしいところですからね、現地の魚料理のお店で冷凍でないものを

炊いてもらって食べてみてください。うまいよぉ〜。冷凍でない金目は炊いた時に目の玉が外に飛び出しています。冷凍は出てきません。知ってました？

果物バンザイ！

日本は果物がおいしいですよね。私はタヒチに8年暮らしておりました。向こうにもおいしい南国の果物がありました。マンゴー、パパイヤ、バナナ、アボカド、レモン、グレープフルーツ、椰子の実、パンの実、これらはすべてタヒチの我が家の庭に勝手に実っていた果物です。水をやることもなくほったらかしにしていても十分実ります。

マンゴーは種類の多い果物で、日本の人が思い浮かべるマンゴーは宮崎マンゴーのようなジューシーで柔らかな甘いものでしょうが、もっともっと種類がありまして、マンゴーの木ひとつとってみても大きな背の高い木に成長するものがあり、どういうことでそうなったかは知りませんが、タヒチ島の中心地パペーテの町の中心部タヒチ中央郵便局の側、大きな中央道路の傍らにある測道部分とそれに繫がる公園と脇の駐車場を取り囲んで見下ろすように堂々と、何十本ものマンゴーの大木が植えられています。

高さはどれも14～5メートル、枝は上の方で大きく張り出し、夏などはその木陰に守られて公園でくつろぐ人の大きな日傘代わりで実に有り難いのですが、残念ながらこれがマンゴーの木ですから、そうですね1本の木に4～500個ではきかないぐらいの、と言ってもこれは1個のマンゴーの大きさが大人の握り拳ほどの大きさですが、実りの季節、カレンダーで言うと12月から2月頃にかけて高い木の上で完熟状態にまで熟したマンゴーは次々と落下してきます。

下にあるのは知らずに止めた車達、車の天井と言わずガラスと言わず、どこもかも熟したマンゴーのグチュグチュの実で全体の塗装が変わりそうなほど、また天井はボコボコに凹んだり……、ま、地元の人間はやりませんが観光客などよそから来てレンタカーを借りているような人が被害に遭います。現地の人間は季節になるとその光景を笑いながら見て通るのです。そういうマンゴーもありますし、青いままいつまで経っても色がつかないで堅く酢漬けにして食べるコリコリマンゴーなど本当にたくさんの種類があります。

南国と言ってもかなり暑いところでないと実らない果物でさえ、日本にやってくるとかなりの改良が加えられ、宮崎あたりの気候で十分以上に甘味がのって、ひと口噛んだら高級な練乳のようなトロリとした甘味に満ちた果汁が口の中にあふれる、そんなマンゴーに変身します。

それから向こうでは普通によく見られるのがパンの木。これは家に男の子が生まれると必ず庭に1本植える木で、ほとんどの日本の人がそれ何？　と訊きます。

これご存知ですか？　パンの実に絡んでは、もう古い古い映画になってしまいましたが『戦艦バウンティ号の反乱』という映画がありました。内容はアメリカやキューバ、ハイチなどといった植民地に奴隷を働かせている国はその奴隷に食べさせる食料に苦労していました。そこに入ってきた情報がこのパンの実でした。

表面の色は鮮やかな若緑色、表面全体が直径5～6ミリで高さが3ミリほどのブツブツに覆われており1個が小玉西瓜の倍くらいの大きさで、これを焚き火の中に放り込んでそのままにしておき、焚き火がぶすぶすと煙だけを上げるような状態まで待ってこの実を取り出すと、外側は真っ黒に焦げて堅い炭のようになっていてそれを棒でたたき割ると5ミリくらいの厚さになった堅い黒いものがコロリと剥がれて、焼き芋のような色をした中身が見えると同時に焼きたてのパンを窯から出した時のようなとっても良い香りがします。だからパンの実という名前がついているのです。

味は日本人にはお馴染みのあっさりした焼き芋のような味がします。実が大きいからこの1個で大人4人くらいがお腹一杯になります。だからわざわざ軍艦を派遣してまでこのパンの木を採取しに、遠く南太平洋の小島タヒチまでやってこようとしたのです。

軍艦はタヒチに無事到着するのですがワンマンの船長に嫌気がさしていたところに、南海の楽園――これには2つの意味があります。ひとつは食べ物、タヒチは本当に楽園で食物になる植物は、タロイモにしろバナナにしろアボカド、パパイヤ、マンゴー、そしてそれこそパンの木までが特に何の世話をしなくともたわわに実るのです。魚はウソのようですが今でも海辺に出て、竿というか棒の先に凧糸のような太い紐でも構いません。それを結び付け、さらに紐の先には釣り針のような上等の物はいりません。釘です、釘を曲げて、コツはただひとつピカピカに磨くこと。そうして紐の先に結べばできあがり。これを岸辺から海に向かって投げては引き上げ、投げては引き上げる。これを繰り返すこと数分、ビックリするような大物、多分30センチほどの魚が引っかかってきます。キラキラするものは魚にとってエサに見えるらしいのです。タヒチの人々は苦労したり労働をしなくとも食べる物は簡単に手に入るのです。ですから白人達がやってきて教えるまで、タヒチ人は労働、つまり働いて対価、お金を稼ぎ、その金で何かを買い求め、生活をするということがどういうことか全く分からなかったのです。もうひとつは女性。タヒチの人々は自分達が他の人種の人達と隔離状態で島々に暮らしていましたから段々と血縁が濃くなる。するとあまり良くないということは恐らく経験で知っていたのでしょう。昔からどういう事情であろうと、難破したりして島に流されてきた男の人には大変丁寧に接し、その家に年頃の娘が居ればその娘、娘が居なくてもまだ子供を産むことが可能な嫁がいればその嫁を流れ着いた男に差し出して子作りをさせたと言います。その風習は長く続き、ゴーギャンがタヒチに到着したその日、食い詰め画家は金も無く港から少し離れた1軒の民家に一夜の宿を請いました。そこの親父がゴーギャンにお前はタヒチに何をしに来たのかと訊き、絵描きでこの島の風景を描いてここで暮らしたいという彼の希望を聞くやいなやワシの娘をやるからここで暮らせ、とその夜のウチに13歳の娘を嫁にもらったのです。その当時ですから、もう40になろうかという食い詰め者のオッサンはヘロヘロ、フランス本国ではモテることもない。それが南の島に来たその日に13歳でっせ！　だから彼は最後までタヒチで暮らしたのです。戦艦バウンティン号の乗組員もほとんどが同じような幸せに巡り会い、ここが本当の楽園だと知りました――そんな楽園生活に浸りきった船員ですから、あの疲れて辛い、しかも偉そうが服を着ているような船長の居る軍艦暮らしに戻りたくもない。船長があらゆる手を使って乗組員を戻そうとしても皆知らんふりで帰ってきません。遂に船長は反逆罪だとして船員を追い詰めようとしますが大半は戻らないままでした。これが「バウンティン号の叛乱事件」という史実です。

このことからも当時パンの木がいかに重宝されたかお分かりになるでしょう。ちなみにその時の船員で、タヒチ本島に居たのでは命が危ないと思った連中が結構遠くの島にも逃げて、タヒチのあちこちの島に色の白い健康な子孫を残したのであります。

また話が飛んでしまいました。私は果物の話がしたかったのです。タヒチのような楽園と言われるところで自然と実る果物はうまい。でも、向こうで生活をしているると南洋の果物以外で、例えばイチゴ、リンゴ、柿、サクランボ、梨、桃のようなものが欲しくなるのです。

ところが、このような果物はどれをとっても間違いなく不味い！ ウソやおまへん。タヒチ本島には首都パペーテの町はずれに、でっかいフランス資本のスーパーマーケットが1軒あります。ここには主にオーストラリア、ニュージーランド、米国カリフォルニアなどから果物、野菜が輸入されてきます。タヒチのように年中気温が一定で、あまり変化のないところでは野菜も果物も育ちません。輸入に頼る以外ないのです。

そしてやってきた果物、まず、イチゴ（握り拳もあろうかという大きさで綺麗な赤色をしてピカピカに光っています）、コレがひと口齧ろうものなら、その音はガリッ、ゴリッと頭の芯まで響くような音を立て、味は堅くてまだ食べられない時の桃のような、なんの甘味も汁気もなく、スプーンのようなもので潰して練乳と混ぜてと思っても、スプーンは曲がってもイチゴはつぶれない！

リンゴは日本と比べたら大きさは2回りか3回り小さく持ち上げた時に拍子抜け

したように軽い。噛んでもカスカス、甘味より酸味が勝つ、こんなんリンゴてよう言わんわ！

あとの果物も推して知るべし。その点日本で売られている果物は素晴らしい！外国の果物はあんなに水気が無く、堅かったり甘味が無かったりするからフレッシュのまま食べないで、砂糖と一緒に煮たりしてケーキの上にのせたり、ジャムにしたり、ひと手間かけて食べているのだと分かりました。日本の果物農家の人達は偉い！　きっと我々素人が外から見て分からないような努力を重ねてどんな果物でも果汁にあふれ、甘味もタップリとのって、フレッシュで食べておいしい果物を作り上げてくれているのだと思います。

最近はTPP問題というのがよく言われますが、日本はこの果物に代表されるような農業技術があります。果物だけでなく野菜にもこの技術は十分生かされています。一度日本の果物を口にした外国人は自分達の生産する果物と日本人の手にかかって改良された果物との違いを思い知ることでしょう。

コレは野菜にも言えることで、うまい野菜は日本の野菜。米だって日本のお米は本当においしいですよ。日本は今まで外交ベタで言うべき時に何も言わず、本当の真意を外国に分かってもらえず、いつも誤解を受け、その訂正もままならないまま！　恐れる必要はないでしょ！　農業技術は絶対に他国に引けは取りません。打って出るべきです。世界に日本のうまいものを知らせる良いチャンスと捉えてはいけないのでしょうか？　旧態然とした日本の農業団体の言動や長い間に築き上げた保守主義的な組織防衛のための発言が、前向きに行こうとする、努力する農家の人達を押し潰してはなんにもなりません。私は特に日本の果物は世界のどこに持って行っても恥ずかしいどころか、向こうが欲しがる重要な対外戦略物になると思っています。

幸せな出会いは舌の悦楽

この番組が始まって何年かした頃、『あまから手帖』という関西有数の味の雑誌からお話をいただいて、番組との連動もしながらおいしい店や食べ物の紹介をしようということになりました。

月に1回の『あまから手帖』発刊日にその月の「コンちゃんの味コーナー」のページに載っている店を取材に行った感想などを放送で語るというものでした。このコーナーはバシやんという構成作家さんとカメラマンの竹中さんと一緒にやったのですが、うまい店に執念を燃やすバシやんの成果で、いろんなお店に行くことができ、帰ってきて10年ほどでそれはそれはいろんな味を味わわせていただきました。

私はタヒチが好きで向こうに住んでいた丸8年の間、現地の味に親しまなくてはと、タヒチにあるフランス料理の店、イタリア料理の店、中華料理の店、いろいろ行きました。でもタヒチ料理という店はなく、一般に「タヒチ料理」という名前で観光案内などに載っているのは、タヒチのお祭りの時に現地の人達が地面に1メートル半ほどの穴を掘って、まず他の焚き火でよく焼いた石ころを敷き詰めその上にバナナの葉を二重にみっちりと敷いて、その葉の上にタロイモや豚肉、焼いたら甘味の出るバナナ、その他熱を与えることによっておいしくなると思うものならなんでも、汁物は鍋に入れて全部を綺麗に並べ、全体をまたバナナの葉で何重にも厳重に包み込むようにくるみ、さらに毛布のようなものをかけ、その上に厚さ20センチくらいの砂をかけて平たい台地のようなものを造り、この上でまた盛大に焚き火を2

～3時間燃やし、残り火が消えるまで待って、砂やバナナの葉を取ると蒸し焼き状態になった料理が出てくるというもので、決しておいしいものではありません。

だって、味付けは一切しないんだもの。うまいわけはない。これらの料理は昔はライムの絞り汁や塩をかけて食べていたようです。こういう料理は今では現地の人はまず食べません。観光客用の料理です。

それにもうひとつ、これを見かけた日本人は必ず食べたがるというのが、豚の丸焼き。これはね、スーパーに行くと各種サイズを取りそろえて、内臓だけを取り除いた豚が冷凍で売られています。地元の人達はこの冷凍の豚を海辺に持って行き、麻袋に入れたままロープで袋の口をくくり海の中にドボンと投げ入れ2時間ほど自然解凍させます。解凍しているその間に塩水が豚肉に染み込み全体が程良い塩加減になって、それがうまいと彼らは言います。

どんなに堅く凍っていても、海水の温度は年間平均が摂氏28度、なま暖かいので2時間もすれば解凍完了です。これをバーベキューの場所に運び、1メートルほどの高さに渡した鉄棒に串刺しにして、下に置いた半割のドラム缶に炭火を起こして、焼き番の人が2人――ひとりは串をグルグル回す係、もうひとりは刷毛に水をつけて丹念に豚に塗る係――で、炙っている間に身がカラカラにならないようにしょっちゅう塗り続けなければなりません。

で、何時間焼くと思います？　7時間から8時間、大きい豚なら10時間近く焼きます。あだやおろそかに、簡単に頂戴って言えないでしょう？　だから、事情を知っている私は日本から持ってきた焼き肉のタレを持参し、皆に「これで食べたら豚が数倍おいしくなる魔法のソース」と言って分けてあげると、うまいうまいの大合唱！　尊敬される日本人になるのです。そして、帰りには「次回もきっと来てね。あのソースを持って！」と言われるのです。

こうして現地ではそこそこいろんな店に顔も利くようにはなっていましたが、いかんせん私は日本人、あの日本料理の微妙な味つけ、綺麗な盛りつけ、そんなもんどこの店に行ってもおません。私はいろいろ事情があって帰ってきたことはお話ししましたが、この日本料理に飢えていたことも大きな帰国理由のひとつだと思いますよ。

昔、戦時中や戦後の頃、日本は戦時体制ですべてが配給制になったりして国民全員が食料に飢えていて、身分の上下や収入など関係なくとにかく食い物を手に入れるため、特に甘いものや砂糖を手に入れるためには必死になって手を尽くしたという話を聞きます。今の日本人にしてみればなんと浅ましいと映ったり思ったりすることかも知れませんが、自分の口に馴染んだものや食べたいものから遠ざけられると人間は結構必死になって考えたり八方手を尽くしたり、いろいろやるもんです。

私もタヒチではいろいろ考えて日本料理に近いものを作ったり、材料を日本から持ち帰ったりしました。早い話が8年もの間、日本食から無理矢理離れていたようなものですから、飢えておりました。日本食が恋しかった。食べたかった。しかもおいしい店や馴染みの店で食べたかった（皆は卑しい奴やとか浅ましい奴やとお思いでしょうが、いっぺん日本を年単位で離れてみたらよぉく分かります。1週間や10日ほどの海外旅行の経験で、ああ、よく分かるわという人がいますが、そんなもん屁でもない！　1年離れてごらん、食い物は大事ですよ！）。

てなことで帰国してからというもの、昔の馴染みの店はもちろん、新しい店、おいしいと言われる店、ありとあらゆる店を訪ね歩いて食べた食べた。それはもう堰を切ったように日本食を食べまくりました。その中でも印象深い店というか、こういう場合は味もそうですが、大将の人柄が大きく影響します。気の合う、仲良くなれそうな板前さんの居る店はついつい嬉しくなって通う率が上がります。

例えば帰国して間もなく親友のひとり、河合ちゃんが連れて行ってくれたのがミナミの「㐂川 淺井」という店。ここの親父さんが河合ちゃんの高校の同級生、つまりみんな同い年、しかもあの有名な法善寺の「浪速割烹 㐂川」の上野さんのところで修業して暖簾分けをしてもらったという人、すっかり仲良し仲間になり、このあともちょくちょく通って日本の味をしっかりと植え付けてもらいました。

そのすぐあとに行ったのが、京都祇園の「さゝ木」。その頃は「一力」のある交差点を四条通の北側に入って、さらにまた狭い狭い辻を右に入って突き当たりを左に入るという、知らなかったら絶対に行けないところにありました。構成作家のバシやんが居なかったら行けていませんでした。まだその頃はカウンター9人で満席、2階に小さな座敷が一室という可愛いお店でした。でも知る人ぞ知るその店はその頃から、年間を通して毎週月曜日に予約をしている方もおられ、一度食べると忘れられない絶妙な味のバランスと食材の組み合わせ、見事でした。

ご主人の人柄は明るく食材の説明が上手い、そして味が良いのですから最初からファンになってしまいました。それからもう何年になるのでしょうか、若いやんちゃをしていた頃から自分の周りの若い子に飯を作って食べさせるのが好きだった、そんな親分肌が、今や京都のみならず日本を代表する料理人になってしまった。小さかったあの店から今の大きな店に変わる時、銀行から大きな借金を背負って新しい店をやる不安、それでも17人が座れる一枚板のカウンター、屋根をぶち破ってでも入れたピザ窯、それをカウンターの真ん中、お客さんの向かいにドンと据えてその窯で火を入れた料理を目の前のまな板で鮮やかな包丁捌きを見せて笑顔で客の前に料理を並べる。昔の店のままです。私はそういう彼が好きで公私の別なく仲良くさせてもらっています。あっ、それから時々、お客さんの前でも若いもんにかますきつい言葉の一発も好きです。これを聞けた人は幸せですよ。

そうそう、日本に帰ってきてから恐らく一番回数多く行っているのが、「う越貞《おさだ》」。福島区のあみだ池筋沿いで2号線の福島西通り交差点を北へ90メートルの小さなお店ですが、ここのご主人の名字が「貞」、この名前は九州の喜界島にたくさんある名前で、貞さんのご実家もここの出身です。

貞さんは明るい人ではあっても喋り下手、その代わり奥さんが上手！　この奥さんの客あしらいで保っている店と言っても間違いないというお店。しかしこの店はお喋りだけではないですよ。魚は新しいのが良いという既成概念を打ち破ってくれた店。魚は温度と湿度を厳重に管理して熟成させると本当のうまさを出してくれる。これを本当に実感させてくれた店です。魚が好きという方なら一度行ってみてください。この魚がこんなにうまいとはと改めて知らせてくれます。

私の仲良しの店はまだまだありますよ。西区新町にあるイタリアンの「パッパ」のオーナーシェフの松本さんの信条は、肉は基本的に使わない、魚介類のうまさとイタリアンの出会いのうまさを追い求める。これが本当にうまくできていて何を食べてもおいしい。おいしいからいつも自分では料理を選べずにまっちゃんにまかせっきり。でも、毎回感心させられてばかり。お見事の一言。

同じ感心させられる店の中に、ミナミの「もめん」があります。これが店の名前ではありますが大将の名字でもあります。「うちは焼き魚定食の店」といつも冗談口を叩いていますが、ただ者ではない。大阪の板前連中の間では「木綿＝天才」で通っています。なんでもない料理の一つひとつに手がかかっていて、サラリとした料理しか出さないのに奥が深い。それを鼻にかけることもなく面白い話の掛け合いばかり。でも、予約は取れませんよ、念のために申し添えますが。ここの店も狭い店でね、9

席のカウンターだけで夕方5時半頃からの1回目と7時半頃からの2回目、1日2回しかお客さんを取りません。1日最大18人ですから、お馴染みさんだけですぐ予約は埋まってしまい、翌年の予約が2月か3月で満杯になります。翌年分ですよ！

ホンマにエラいことですわ。私と同い年ですが、やり手という言葉はこの人のためにあるような……。

寿司の話をしていませんでしたね。大阪市内では北新地の中の「多田」が私の贔屓の店ですが、ここも9席のカウンターだけで予約が取れない。行きたくても行けない。阪神ファンの多田さんの顔を長い間見ていないのです。行きたいなあ。

行けない時は尼崎に行きます。尼崎の住宅街の中、国道2号線の交差点、昭和通八丁目を北へ300メートル行くと道沿いの左手に「和幸」という寿司屋さんが見えてきます。ここが目的地。ここの寿司はうまい！

ここの大将の島田さんもちょっとした愉快な変わり者、店で1回食べる間に多分4回は「天才やなぁ、俺は」という言葉を聞くことになるでしょう。しかし、これがまんざらホラじゃあない！　まず醤油皿や醤油が出てこない寿司屋です。「寿司は握り手がこの味が一番と思って握っている。その握りを客が醤油でボタボタにして食べているのを見たら情けなくなってね」。それからは大将がこれくらいという味にして、場合によっては刷毛で醤油を塗ってから出してくれます。今はもう引退しましたが、有名な野球選手がここで百貫食べたそうですが、我がタイガースの選手もここにはよく現れます。

まだありますよ。おいしい肴を誂えて旨い酒と一緒に出してくれる良い店、「ながほり」。ここは大将の中村さんがいい人でね、以前は島之内に店があって、細長〜い店で座っているお客さんの後ろを壁沿いに蟹歩きをしないと動けないほどの細い店でしたが、祇園の「さゝ木」が頑張って新しい店を出すというのを聞いて、「俺も頑張る！」と気合いを入れて今の玉造の大阪女学院の西側、ワイシャツの山喜、山喜大阪ビルの西裏に新しい店を新築、「さゝ木」に負けじと頑張って大繁盛。でも飲み処精神はそのまま、出す料理が皆酒ありきの心で創られていて、ここは連れて行った人全員がまた連れてきてと言います。指揮者の西本智実さん、梅垣義明（鼻から豆をとばしながら歌を歌う）、ウメちゃん！　その他名前を出せないタレントさんなど。

私は酒は飲めないけれど酒の肴は大好き人間！　これは親父が大酒飲みで、幼い頃から酒の肴をおかずにご飯を食べていたせいです。しかしこの日本という国は恐ろしい国ですよ！　私だけでなく外国に行って生活して帰ってきた人、外国人で日本に住んでいる人、そういう人達のほとんどが、「日本にいれば世界中の料理が食べられる、しかもその料理がその国に居るよりおいしい」と言います。私はタヒチから帰ってきて、この国の料理があまりにも美味でそれを創る料理人が皆良い人で皆と友達付き合いをさせてもらい、帰国以来2年ほどで数キロ、今や帰国当時の面影もないくらいタップリと霜降り肉が全身に付き、本当にデブになりました。でも、恨んではおりません。すべては私が悪いのです！

しかし、アナタ！　欲しくても手に入らない環境に暮らした日々を思えば、もちろん懐との相談はあるにせよ、食いたいものが食えてそれがまたうまい！　こんな幸せがありますか？　幸せの最中にいる人はその幸せが分からないと言います。日本人よ、皆気づきなさい！　私は世界中でも一番のおいしい国で暮らせていると！飢えて痩せて、欲しい食べ物を夢にまで見る生活よりずっと幸せな日々を送っていると！

私はきっと痩せることもなく、これよりまだ少しずつ太って人生の最期を迎えるでしょう。シルクにバカにされ、友人にはもうちょっと食べる我慢というのができんかったんかいなと言われるのでしょう。でも、でも、でも……。アァ〜。

十三の花火や

花火はお好きですか？　日本人ですからお好きでしょう？

花火もね、世界各国にありますけど、私が見た限りではやっぱり日本のものが世界一美しいと思いますよ。

あれは私がタヒチに行って初めての年末でした。と言うことは１９９２年の暮れ、最初の貸家に住んでいた頃、誰にも暮れの過ごし方は訊いていなかったので、ただそのままというのは悔しかったから、日本から持ってきたインスタントのすまし雑煮と日本蕎麦を湯がいて、年越し蕎麦にして食べていました。

ちょうど夜中の12時、日本なら「ゆく年くる年」でどこかの有名な寺の鐘をゴ〜ンと撞く時です。そんなに遠くないタヒチの港に停泊中の船が全船揃って「ボーッ」と汽笛を鳴らすのです。これが良い！　ホントに良い！　まるで神戸の港にでも居るような、心地の良い思いに駆られちょっとだけ胸にこみ上げるような思いをしたかどうかの時に、「ポン　ポンポンッ」とそれはそれは切ない、いっぽん花火。つまり、日本なら花火屋に行かずとも、その辺のおもちゃ屋で時々売っているような、それでも１本５００円とか１０００円するような花火、少なくとも手のひらに握れるようなサイズぐらいの花火を、そうですね、キャンプ場なんかにちょっと大きな団体が花火を持ち寄って、夜キャンプファイヤー最後の締めの盛り上がりにポ～ンと打ち上げて終わりにするような。

　ちょっと説明が長くなりましたが、その程度のチャチイ～な花火という意味ですわ。これが音だけ聞こえる。つまりは小さすぎて高さも上がらないから、音はすれども姿は見えず、ホンにお前は屁のようなという花火の音が数発して、つい先ほどの「ボーッ」という異国情緒を漂わせる船の汽笛の良い雰囲気が「ムッチャ、クッチャ」壊され、「なんじゃ、あれは」という気分にされてしまうのです。

　その翌年、丘の上の家を買って迎えたタヒチの年越し、この時も港の方角にある向こうの丘越しに聞こえてきました汽笛の音。良かった！　今年も良かった。けれどもそのあとの花火、それはそれは大阪弁で言うところの「ザンナイ」ものでありました。

そこで、3回目はドーン！と豪華にハワイで年越しをしようと出かけました。またまた余談ですが、年末のハワイが高いというのは日本人客向けの料金だからですよ！　タヒチの旅行社から取ってもらうと、飛行機とホテル、それに島から島への移動の飛行機も全部込みでも日本からの正月料金と比べれば、閑散期料金とどっこいどっこいで、これでも旅行社の人に言わせると「お正月だから高くてごめんなさいね」だそうです。ハワイは日本人が多くて日本人がホテルも飛行機も買い占め状態なんだそうです。

そういう中安い料金でハワイに行き、日本人であふれるホノルル（オアフ島）を避け、マウイ島のゴルフ場と一体になった有名なホテルに宿泊し、日本の放送が映るテレビチャンネルで「紅白歌合戦」を楽しみ、そして「ゆく年くる年」の前にハワイチャンネルに切り替えると、やっておりましたパールハーバーを中心に繰り広げられる大花火大会！　これはスゴいですよ！　港中のあちこちから上がる上がる、切れ目もなくバンバカ、バンバカ！　しばらくは見とれていました。ところが30分もすると飽きてきました。それは、ズーッと同じ黄色というか、あの派手な、映画の時などに破裂する火薬色一色で色の変化が無い。あれをズーッと見ていると「凄いなあ」と最初は思うけど段々と飽き始めます。しばらくすると横を向いて他の景色を無意識に探している自分に気がつくはずです。私はそうでした。ですから心のどこかで「もうあの華やかで綺麗な日本の花火は見ることもないのだろうなあ」と思っていました。

しかし、運命は私に微笑み私を日本に連れ戻してくれました。帰ってきたばかりの私は余りにも慌ただしく過ぎていく数々の出来事に花火のことはすっかり忘れていました。ところが、本人は忘れていても花火の神様はちゃんと忘れずに居てくれました。私は花火のことなど全く持ち出すこともなく市内の不動産紹介会社を訪ね、そこのおっちゃんが最終的に紹介してくれたのが、福島区鷺洲の賃貸マンション。私は帰国して最初に住んだそのマンションで、帰国の翌年、全く偶然に花火を見たのです。

マンションはJR環状線福島駅のすぐ北から始まる、聖天通商店街のおしまい近く、聖天了徳院の裏に建つ14階建てで、私はそこの13階の西端の部屋を借りていました。確かそこを借りた翌年ですから、２００１年の８月最初の土曜日の夜でした。仕事から帰って来る途中、妙に人が多い、しかもいつもは余り人が通らないような道も、なんか知らないけれど浴衣を着たりした女の子が団扇を持ったりして、どこかこの近くで祭りでもあるんじゃろうか？　と不思議な思いで部屋に帰り、今夜は頂き物の素麺でも湯がいて食べようか、その前に冷たいペリエ（これこそタヒチで日常的に飲むことを覚えた、メイド・イン・フランスの砂糖も何も入っていない炭酸水。太らないから身体には良い）でも飲もうかと冷蔵庫を開け、ペリエの栓をひねった頃、急にドーンという音が腹に響き、どこか近くで何か爆発のようなものが起こったのかと、北側の通路に面した玄関を開けると、目の前にでっかい花火の輪が広がっています。高さは少し見上げる程度で輪の大きさがでっかい！　私の今までの人生でこんなに大きな、立派な花火を間近で見るのは初めてでした。私は急いで部屋の中に戻り、リビングの椅子を外の廊下に持ち出し、冷蔵庫からペリエの瓶を取り出し、ゆっくりとひとり花火を楽しみました。心ゆくまでタップリと花火を楽しませてもらいました。

あとで、うちのマンションと花火の打ち上げ場所である淀川の大会本部の向かい側の岸辺（こっちの方が実際の花火を打ち上げる場所なので）との距離を確かめると、1キロもありません。感動しました。あんなに見たかった花火がこの距離で、しかもマンションの13階の部屋の玄関を開けた目と鼻の先で誰にも邪魔されずにゆっくり、たっぷりと楽しめる。夢でした。日本人で良かった。花火の神様は居てはった。この話をスタッフにすると皆が来たがるし、花火を見たがります。翌年からはうちのマンションで十三の花火を見るのが恒例のようになりました。

さて話はここから。このマンションから今住んでいるマンションへの引っ越しの時でした。私はとにかく「毎年十三の花火が見えるところ」が条件で家を探しました。これが見つかったのです。たまたま広告に載っていて見に行ったら戸数の多い大マンションではなく、新築で、ワンフロアあたりの軒数が少なくて、高さも26階建てで、何よりも十三の花火が見下ろせる距離（1・8キロ）にあり、途中にその花火を遮る建物がないという好条件！　価格も思ったより高くない。思わず買いました（これはうそ、ちょっと見栄張ってみました。そんな気軽にマンションが買えるようになってみたいですな。私は75歳までローンがあります）。

でも、楽しみでした、その年の十三花火大会（なにわ淀川花火大会）。8月の第1

土曜日。どんな花火が見えるのだろうかと、ワクワクしながら待っておりました。でもね、うちのマンションからの十三の花火見物はやや難点があるのです。それは部屋の中からは見えない、という致命的な欠陥です。ほんならどうやって見るのか、これは25階のエレベーターホールから見ます。うちのマンションはエレベーターのドアが開いて、ホールに一歩踏み出した人が目の前の大きなガラス窓越しに左右一杯、腰窓の高さから天井までの空間全部を埋めて見える、町の灯りに思わず「ウワーッ綺麗やねえ！」と言ってもらえるほど窓全体が大きく、昼間ならその窓を右から左へと大きくゆったり流れる淀川が見えます。

その淀川を横切る阪神高速神戸線が左側、その右に国道２号線、さらに間を空けて十三バイパス。ここと十三大橋の間が花火の打ち上げ場所です。本部テントが設けられる場所はエレベーターホールからはっきりと見て取れます。皆さんは打ち上げ当日しか見ることはないでしょうけど、私は打ち上げ準備の台船が現れるところから毎日見ております。白いテントが張られ、川面に小型のモーターボートが停まるといよいよです。今日花火打ち上げ、という日は早朝からせわしげに動く人々が見られます。

その日は昼過ぎ頃から環状線の野田、福島駅周辺はなんとなく人の数が増え、どこに向かえば良いのかあやふやなままウロウロする人が目立ち始めます。野田阪神駅あたりははっきりと人が多くなっていくのが分かります。マンションの25階の部屋からとエレベーターホールからその様子が見えています。

我が家でも今夜、花火を見に来る人達のために準備に余念がありません。マネージャーの山川君とすでに手配していたレンタルの長机を部屋に運び込み、パイプ椅子も部屋の中に配置します。氷を山程買い込み、毎年この時期にだけ活躍する大型クーラーボックスに入れてビールやソフトドリンクを数十本用意します。台所では、食通の間で名前の通っている店、福島の「う越貞《おさだ》」の、貞さんご夫妻が店を休んで、店や自宅で仕込んでくれた料理をうちまで運んでくれて盛りつけたり温めたり（熟成させた魚こそがうまいという持論の持ち主がご主人をやっている魚料理の店、この店の魚は刺身は勿論、料理もうまい）、お嬢さんや坊ちゃんも手伝ってくれて料理をいろいろ盛り付けたり、毎年ですがたくさん作ってもらって、それを贅沢に食べながら楽しもうという趣向。

これを知ってる人は毎年来て楽しんでくれています。もちろん、花火を楽しんでもらおうというのが私の願いなんですが、毎年交わされる同じ言葉。

「さあ、花火が始まりましたよ」

「あ～、そんなもんね、焦って行ってもしょうがない。花火はね、最後の十分が面白いんで、早うから行って騒いでもしんどいだけ」

「どこの花火を言ってはるのか知りませんが、この十三の花火はちょっと違いますよ、騙されたと思って見に行ってください」

こう言って部屋からエレベーターホールへ無理矢理送り出します。たいがいはエレベーターホールで見始めると、男性はそのまま口を軽く開けて、時々「オ～ッ、凄いなぁ」とか言いながら結局最後まで。女性はまず携帯を取りだして「キャ～ッ、綺麗！」などと叫び、連発で大きな輪が重なり次から次へと花火が上がると「ひゃ～、わ～っ、すご～いい」と大はしゃぎです。結局、約1時間半の「十三花火大会」は部屋でビールを飲みながら「花火は最後の10分、15分だけ見たらええ」と言っていた人達の意見を見事にひっくり返して打ち止めとなります。

すべての人が、ここの花火大会は凄いなあと言いながら、もういっぺん部屋に戻って、残りの料理やお酒を楽しみ、最後に鯛の身を炊き込んだ鯛飯のおにぎりをおみやげに帰っていくのです。全員がエレベーターホールでもう一度、宴の後の淀川べりを名残惜しそうに眺め、「来年も呼んでな」と言いながらドアが閉まります。この時私は毎年のように「よっしゃ！　ここに引っ越してきて良かった。十三の花火は日本一や！」と思うのです。

タヒチはもちろんハワイの花火も「あっちゃへ行け！」「幸せや！　俺には十三の花火がある」

第3章

友がいる、だから私がいる

魚釣りは魚がいりゃこそ

さて皆さん、魚釣りはお好きですか？　私は釣りキチだった親父の影響を受けてかなり好きです。同期で毎日放送アナウンサーとして入社した平松（前大阪市長）、野村の両君を父が招待して、まだ正社員になる前に愛知県知多半島の先端、師崎《もろざき》の港から船で出港して1日中釣りをしたこともありました。

日本に帰ってからはいつかチャンスがあればと思っておりましたが、帰国の翌年春も過ぎて初夏の頃、無性に釣りがしたくなって、その頃、番組と連動してうまいもの専門誌『あまから手帖』の1ページを担当していましたから、日本海は宮津の釣り民宿「長浜荘」の夕食が量もタップリ出てくるのに味が良いという釣り好きの話を聞きつけて、取材も兼ねて行くことになりました。

当然、釣りにも行こうよということになり、宿からどなたか良い方を紹介してもらうことになりました。この「長浜荘」の料理は噂に違わずタップリ、というかテーブルいっぱいに魚料理が並んで真ん中にデーンと舟盛りの刺身料理が鎮座なさっておられまして、周りの皿には煮魚、焼き魚、揚げ物と置き場所に困るほど、そして一つひとつがうまい！　ここの料理に惚れてたくさんの友達と一緒に行きました。

その友達が放送の中によく出てくる、花ちゃん（尼崎の樋口胃腸病院の院長・花田先生）、ヤソやん（八十島プロシードという特殊プラスティック加工で国内有数の専門会社オーナー会長・八十島さん）ですが、最初に行ったのがサブやん（人気タレントの大平サブローさん）、2番目が阪神ちゃん（オール阪神・巨人の阪神さん）。あと、今は水曜日の映画コーナーで映画解説をしてくれている松竹芸能の漫才師・シンデレラエキスプレスの渡辺裕薫《ひろしげ》君、同じく松竹芸能の落語家で最近活躍目覚ましい、笑福亭銀瓶《ぎんぺい》君、それぞれとの思い出は……。

まず、サブローさん。彼とは釣果よりも、いまだに放送中にネタになる「ミニあんドーナッツ物語」があります。私は当時ダイエットに励んでおりまして、甘いもの、ご飯、麺、パンなど炭水化物類はできるだけ避けておりました。ですから船の上で食べるおやつは弁当以外、ほとんど持って行っておりませんでした。ところがサブやんは子供の遠足のように大きな袋に各種取り混ぜてタップリと持ってきていて、釣りの途中いろいろとすすめてくれましたがすべてお断りをしておりました。ところがちょうど、午後のひと休み時間ゆったりと波に揺られて良い気持ち、眠気も催してきたその時に、

「コンちゃん、これ食べる？　好きやろ？　ミニあんドーナッツ」

そうです。サブやんは私の弱みをよぉぉく知っていて、ダイエットの覚悟のほどを試すというか、耐えられるかどうかをからかい半分でやってみたのでしょう。私はそういうことには敏感な方ですから、彼のたくらみは十二分に承知しております。でも、小腹がすいて気持ちが良くなって頭もポヮ〜としている時、人間は食欲が真っ先に出てくるってご存知ですか？　私はわざとらしくミニあんドーナッツの袋の封を開けてあることも知っていながらついつい手を出してしまいました。1個だけと思いながら気がついたらふたつ目に……（あれはこういう人間の気持ちを上手に食欲の世界に誘い込む悪魔の手先のような目論見が、ドーナッツの中に埋め込まれたおいしいアンコに練り込まれています）。

私がまんまとサブやんの罠にはまったのを見つけた彼は大声で皆に、「コンちゃんがぁ〜ちょっと横を向いてる間にミニあんドーナッツを3個も食べよった！」と高

らかにお知らせしてしまったのです。それ以来番組に来る時には時々あんこの入った三笠、饅頭、お餅などを「ハイ、差し入れ、好きなんやろ、あんこ」と言って持ってきてくれるのです。

こうして私とサブやんの甘い付き合いが始まりました。

次が漫才師のオール阪神さん。普段は「阪神ちゃん」と呼んでいます。彼とは古い古いお付き合いでまだ彼が学生さんの頃から……、巨人さんと２人、その頃は南出（巨人）・高田（阪神）でラジオの「ＭＢＳヤングタウン」土曜日の勝ち抜き選手権に素人で出場してきました。その時からしゃべくり漫才の上手い、素人離れした２人で話の上手さと身長のアンバランスがのっけから印象的な漫才を見せてくれて、私は最初から応援団のひとりでした。その彼が釣り名人として長い間「ビッグ・フィッシング」という釣り番組を持ち、私も何度か出していただきました。

その阪神ちゃんを誘ったのは、いつも宮津でお世話になる釣り船「秀栄丸」の船長・小谷さんがいい人で上手に素人の私にも釣らせてくれるので、一度そういう船長に会わせたかったから。うまいもの食いでもある阪神ちゃんに「長浜荘」の釣り宿料理を食べてもらいたかったということもあります。

釣果は予想どおりの大漁、釣りの間中、船長を笑わせ続けた彼の喋りは大したものので、船長が「是非もう一度連れてきてください、もうちょっとで釣りを忘れそうになりました」と言っていました。

次はシンデレラエキスプレスの渡辺君ことナベちゃん。彼は驚くほどの気遣い屋さんで、滅多に人の誘いにノーとは言わない人です。車に弱い（つまり酔いやすい）こともひと言も言わず、大阪から宮津へのドライブ途中も自分の気分の悪さをおくびにも出さず朗らかな明るいナベちゃんを演出し、「長浜荘」の食事でも車酔いのかけらも見せず、宴会も賑やかにこなし、陰でえづきながら一晩を見事に乗り切ったことは誰も分かりませんでした。

しかしこういう演技にも限界というものがあります。翌朝（あっ、言い忘れておりましたが、宮津の釣り船の出船は朝8時頃と、他の釣り船に比べればゆっくりでこれが助かるのです）、勇躍今日の釣りに夢と希望を託し颯爽と船出をしようとしたその時ですよ、宿から港まで車でわずか5分ほどの距離なんですが、港に降り立ったナベちゃんの顔色がおかしい、この短距離で「車酔いしたみたいな顔をしてるな」と冗談交じりに言うと、

「ハイ、僕は車に極端に弱いのです。ですから船も弱いのです」

「えっ、では船は？　釣り船に乗ったことは？」

「ええ、以前乗ったことはありますが完全にだめでした」

というので、かねて用意の船酔い止めの薬を渡してあらかじめ飲んでもらいました。さて出港となって港の突堤を過ぎた頃（というのは陸上の距離にしてホンの150メートルほど）、ナベちゃんの顔色は蒼白に変わりだし、私は船室で横になって休むようにすすめ、あの気遣いのナベちゃんはなんの遠慮も見せず、声も出さずに船室に倒れ込むようにして深い眠りにつきました。


小一時間で釣場ポイントに到着し、皆は竿を出して釣り始めるとなんとこれが大当たり、鯛の入れ食い状態。思いやり深い私は、船酔いする人でも釣れたら喜びで船酔いを忘れるということを思い出し、ナベちゃんを優しく起こし、

「ナベちゃん皆釣れてるよ、せっかくここまで来たんやからちょっとだけでも竿を出して釣ったら？」と言うと、

「ええ、でもこれ以上酔うとご迷惑をお掛けするようなことに……」

「まだ酔い止めの薬が残っているから、これ箱ごとあげるから」

と、私が酔い止め薬の箱を渡すと、細かいことまで気を遣う彼の性分なのでしょう、箱に書かれている小さな文字の注意書きを熱心に読んでいるウチに、

「近藤さん、私酔ってきました」

「そんな注意書きの文字を読むからやろ」

「でも、薬でしょう、注意書きをよく読まないとどんな副作用があるか分からんし、港出る時にも飲んでいるからそんなに時間も経っていないし心配じゃないですか」

「心配はいらん！　それよりもここに来た目的を思い出せ！　こっちへ来い！　竿を持て！　釣りをせい！」

「ちょ、ちょっと待ってください、今薬を飲みますから」

船べりの釣り人席に這うようにしてやってきたナベちゃんに竿を持たせエサを付け、電動リールの操作を教えようやく糸を下ろして1分後、横で見ている私が、「オウッ、ナベちゃんきたぁ、きたでぇ〜」と叫びながら隣のナベちゃんを見やると、そんな強い引きの竿を手に持ちながらナベは座ったままこっくりをしながら寝ていたのです。

「ナベ、起きろ起きんかい！　きてるやないか、引いてるやないかい！」

「アッ、これが引きですか？　竿がブルブルしてます」

「せや、せやから起きてくれ、ちゃう！　竿だけ上げても深いから上がってこんやろ！　電動のスイッチを押せ！　巻け、巻け、巻き上げるんや！」

こうして一騒ぎのあと、彼は40センチを超える見事な真鯛を釣り上げたのです。

いまだにあの時のことを彼が覚えているかどうか定かでありません。なぜか？　ナベちゃんはこの鯛が上がった直後、また寝たのです。以後釣りにだけは誘っておりません。

もうひとりは憎たらしい笑福亭銀瓶です。銀ちゃんは釣りに誘った頃はまだ可愛げのあるええ子でした。行きの車も「免許を持たない、いや車を持たない僕がコンちゃんの運転で連れて行ってもらうなんて申し訳ないなあ」などと殊勝なことを言いながら行ったのです。

いつものように翌朝船を出すと、どうしたことでしょうこの日は私だけがちっともかからない、かたや釣り自体が珍しいという銀ちゃん、その銀ちゃんになんと60センチ余りの大物鯛がかかったのです。うらやましいやら悔しいやら、もう忘れましたがいろいろ自慢をされました。

自分の気持ちを隠してなんとか表に出さず無念をこらえて帰りの車、舞鶴自動車道に乗ると間もなく眠りについた銀瓶が目を覚ましたのは、もうすぐで中国自動車道に合流というあたり。

「あれっ、もう中国道に合流ですか？　宮津から早いなあ、あっという間ですねぇ」

「おまえ寝とったやないか、寝てたらどこからどこへ行っても早いの！」

「時間かかるから寝てたらええよ言うから寝たんでしょう、それでそんなん言われたら困るわ」

こういう奴です。ほんまに悔しい！　なんであの鯛がこっちの竿に来なかったんでしょうか！　あれさえこっちに来てくれたら、横でイビキをかいて寝ててくれても、銀ちゃんの家の前までお休みしてても文句を言わなかったのに……（私って、割と執念深くてイヤな奴ですね。書いててそう思いました）。

そしていよいよ登場するのが、たびたび放送中に花ちゃんの愛称で登場する花田先生、愛すべき親友で樋口胃腸病院の院長（この病院はお医者さんが何人もいて入院施設もベッド数も結構ある中規模病院ですよ）、そこの理事長で院長さんですから仕事中は私も惚れ直すような仕事っぷり、お医者さんぶりなんです。それが、一歩外に出るとすっかり別の人柄に変身してしまいます。解放されるというか、のびのびするというか、とにかく内なる人柄が全部外に放り出されるという不思議な人です。

もうひとりの八十島さん通称ヤソやんはやり手の企業人、八十島プロシードの会長。大阪、仙台、滋賀、大分、それに加えて近々神戸にも新工場ができて全国に5つの工場が稼働するという、この不況の嵐の中見事に生き抜いてきた成功者と言って過言でない人なんですが、この人も仕事を外れるととてもそういう企業人とは思えない面白いお人で、2人とも私と同い年の団塊人です。

で、この2人と一緒に釣りに行って「秀栄丸」で小谷船長のお世話になった時のことです。2人ともすっごくええ人で、方や優秀な消化器系の専門医、方や成功を収めている特殊プラスティックの会社の会長なんですが、この際はっきりと申しますがこの2人の共通の欠点は他人の言うことを聞かない、本当に聞いていない、だから船長が2人にこう言いました。

「2人並んで釣りをする時は、竿から糸を電動リールで出す時と巻き上げる時を交互にしない。ひとりが上げている時にひとりが下ろすと必ずもつれてお祭り（釣りの時に使う用語で糸がもつれてグチャグチャになること）してしまいます。これは折角貴重な時間を割いて釣りに来ているのに、もつれをほどくだけで結構時間がかかるからもったいない。ちょっと隣を見て糸の上げ下ろしをすれば解決するのですからよろしくお願いします」

と言われたのに、まあ祭る祭る、祭りだワッショイのような状態になって船長はほとんどこの2人の糸の始末にかかりっきり、とうとう今度は船長の心の糸が切れて「人の言うことを聞いてないのか！」と怒られると私のそばに来て小さい声で、「よう怒る人やね、この歳になってあんなに怒られたんは初めてやわ！　エッヘ」と言いました。

私がなんでこんな話をここでしたのか忘れそうですから申しておきます。タヒチに8年暮らしている間にたくさん釣りに行きました。それもマグロ、カツオ、シイラなど大物系ばかりをバンバン釣りました。でもね、暮らしてこそ言えることですが魚は大きいものばかりでなく、アジ、サバなんかの小物というか、そこそこの大きさのもので良い、干物や炙って食べれる魚が良い。いっつもマグロ、カツオ、シイラばかりは飽きる。でも向こうの海にはサバは居ない。アジは居るし市場でも売っているけど、年間の平均海水温度が28度という海に暮らす魚には油分がない。焼いてもジュウともいわず、ただ、色が変わって焦げていくのみ。こんなアジを食べてごらん、不味いよぉ！

日本にはいろんな魚がおります。大中小取り混ぜていろいろおります。コレが良い！　そして皆うまい。そういう魚が泳いでいるから、それが釣れるから日本の海は素晴らしい！　と、コレが言いたかったのです。

チャンチャン！

思わぬところで生まれる親友

私の今の日々を支えてくれる親友と呼べる人達の話をしないといけませんよね。放送の中でもしょっちゅう出てくる親友を紹介しましょうか。

親友とかいう存在は学生時代にできることが多いものですね。これは社会人になる前に友人になるから、相手や自分に身分、肩書きの差がないので相手の人格のみに惚れて仲良くなるのです。これでこのまま順調にいけば良いのですが、お互いに社会のアカにまみれるというか世の中のいろいろに毒され、知らぬ間にあんなに仲の良かった親友が段々と遠い存在になって、気がついたらタダの縁遠い昔の友人、なんてことになっていることがよくあるものです。

こうして昔からの友人が色薄れていくウチに新しい友人ができて……、といけば良いのですが、消えていくばかりで次がないと寂しいだけですよね。私はタヒチに住んでタヒチに友人は増えましたが、日本に帰ってきてからは連絡していつでも気安く会ってくれる人が限られるようになってきていました。

あれは日本に帰ってくる2年ほど前だったと思います。もちろんその頃は自分自身でもまさか日本に帰ってくる日が来ようとは思ってもおりませんでした。いつものように日本の旅行会社を回って、私が作ったタヒチとニューカレドニアにある日本人のための海外挙式専門の会社「マキプロダクション」の宣伝と料金などの細かい相談の営業活動のために大阪に滞在している時でした。

例によって数少なくなってきた友人のひとりで毎日放送アナウンサー室の室長、野村啓司さん。そうです、私と同期入社の野村君に電話をして一緒に晩ご飯を食べようと誘うと、西宮の阪急甲陽線苦楽園口駅の夙川寄りに「ちょっと一杯のくらくえん」という店があって、そこで知り合いが寄って飲み食いの会をするんやけどそこでええか？　と言われた私は、そういうところで食いたかったんや、願ってもないから連れて行ってと頼みました。行くと14～5人で一杯になるL字型のカウンターだけの、小綺麗でええ感じのお店でした。

野村君は来ている人、入ってくる人皆と知り合いのようで、しかも普通以上に仲良しの雰囲気があふれておりました。私は「ええなあ、こんな感じ、日本らしくって、俺も日本に居たらこんなところでこんなふうにいろいろな友達と楽しい夜を過ごせたんやろか……」と思ったりしておりました。

するとそのような思いを打ち破るような勢いで、隣のオッサンが低いけど良く通る声で突然声をかけてきました。

「お宅、ええセーター着てはりますなぁ」

「あぁ、これですか、これねぇついこの間、日本に来る前にニュージーランドに行ってましてね、オークランドの街中のゴルフショップで売っていたものです」

「そうでしょ、それね日本ではなかなか手に入らないブランドでね、ライル&スコットていうブランドですねん（注：1997〜8年頃はまだこのブランドは一般的ではなく国内では手に入りにくいブランドでした）、実は私もゴルフが好きでよくやるのですが、そういう刺繍のような感じで、ゴルフ場やプレーしている人を編み模様で描いているのがなんとも好きでねぇ」

「そんなにお好きでしたら今度ニュージーランドに行った時に買うてきますよ」

「いや、いま近藤さんが着てはるそのセーターの柄が好きなんですわ。それくださ い」

「ハイー？　私が今着ているこのセーターのことですか？　これ、たしかに今日が初おろしで綺麗ですけど、私がもしこれをお譲りしたら、私は何を着て帰るんですか？　寒いでしょ？」

「たしかにそうですわ、それやったら私の着ているこのシャツを交換でお渡ししましょう。お宅は今日はこれを着て帰りなはれ、このシャツも安もんではないんですよ。大丸で私が仕立てたもんですからウソやおません」

と、自らシャツを脱ぎ始め、下着姿になって私にそのシャツを差し出すではありませんか。その勢いに圧倒された私は、セーターを脱いでそのおじさんに渡しました。セーターを着たおじさんはニッコリ笑い、

「いや〜ええわぁ！　どうや？　似合うやろ！」

と嬉しげに野村君やその向こうの人に見せます。こっちに残された私は仕方なく茶系の模様の入った厚手のワイシャツに手を通したのですが、本当に肌触りが格段に良くて「久しぶりに良い生地の衣料品にお目にかかった」という感覚を楽しんでおりましたが、「早よ着てみてください」というおじさんの声で我に返り、ワイシャツを着たのですが、これがアンタ！　私の人生でもなかなか巡り会えないような奇

跡！

私は高校生の頃から手足短く首太い体型でありましたから、詰め襟の学生服でも既製のものは絶対に合わず、首周りはその頃すでに42センチはありました。腕の長さ、足の長さは他人より短く、首や二の腕はブッとい（太いの意）という標準から遠く離れたサイズで過ごしてきたのです。ですから、若い頃から贅沢でなく、詰め襟学生服とワイシャツは別注でないと着られない。ワイシャツも前襟のボタンがボタン穴のある襟と3〜4センチは離れたままでネクタイは結びようもない状態となります。袖先もそのままだと、こちらの腕が短いのですから袖の先端は手首どころか指の先あたりのまだ先にあるのです。こんな体で大きくなった私ですから、既製の服が体に合うことは一度もなかったのです。

それが、初めて会った見ず知らずの隣のおじさんが、セーターと交換に差し出してきたその人の誂えのワイシャツが首周りはもちろん、袖の長さといい二の腕の太さといい全部ピッタリ！　「このシャツは私の誂えたシャツです」と言っても誰も疑わないほどすべてのサイズがピッタリ一緒だったのです。私はビックリしました。世の中によく似た人が3人いると言ってそういうよく似た人に会うと驚くというのは聞いたことがありますが、自分の体のサイズと全く一緒の人というのは、例え会っていたとしてもこういうシチュエーションでもなければ「この人と私は同じサイズなんだ」なんて気がつかないでしょ？

けったいなことで私はその隣のおじさんと、すべてが同じ体型なんだということが分かったのです。お互いにそのことに気がついて、お互いに心から感心し、この人とは何かで繋がっているという確信のようなものが湧いてきたから不思議なもんです。ここにきて初めて「あっ、私ね、花田と言います。こういうものです」と言って名刺を出されました。すると側に居た野村君が、

「あんな、この人な、夜のこの時間になると酒も入ってこうなるんやけど、こう見えても尼崎の2号線沿いにある樋口胃腸病院て5階か6階建てのビルになってる病院の院長先生やねんで。しかも胃カメラの名人！　俺も胃カメラしてもうたことあんねんけど、上手！　苦しいことも痛いこともなんにもない！　それとな、ここの看護師さんが優しい人ばっかりで、カメラの最中ズーッと背中をさすってくれはんねんや、『大丈夫ですよ、大丈夫ですよ、痛くないですからね』言うてな、これがまた若い、綺麗な人がやってくれはんねん！　あんたもいっぺん診てもらい。ねっ先

生？」

「いやぁ〜、またいっぺん来てください。野村さんの時には特に綺麗な方を選んでいるんですよ、ウワッハッハッ！」

これがまた店中というより表を歩いている人にまで聞こえるような低めのテノール歌手みたいなええ声！　私より話し声が大きい！

「それよりなんですなぁ、私も自分と同じサイズの人と初めてお目にかかりましたわ。奇遇ですな。近藤さんとおっしゃるの？　私、テレビもラジオも阪神の試合以外は観ませんねん、ですからコンちゃんと言われても全く分からんのですわ。すんませんねえ、で、タヒチで何をしてはるんですか？　結婚式？　日本人の？　日本人がそんな外国に行って結婚式をしますのんか？　ホォ〜ッ！　そこで結婚式の司会をしてはるの？　えっ違う？　ほんなら何をしてはるのん？　社長？　アナウンサーでしょう？　アナウンサーと社長はちゃいまっしゃろ。イヤ、別にねアナウンサーが社長をしたらアカンのんと違いますよ！　違うけど、そんな社長みたいな仕事をせんでもアナウンサーしたらよろしいがな。皆さん！　今度はタヒチというところで宴会をしてみませんか？　行きましょうやタヒチへ！　ほんでそこにゴルフ場はありますのんか？　やっぱりあるでしょ？　ある！　あると思てましたんや！　皆よろしいな！　もうこれで皆行きます。今度の『くらくえん会』コンペはタヒチです」

これだけの会話を交わしたのですが、この会話のうち花田さんが覚えているのは、(A)私が近藤という人物である、(B)タヒチというところに住んでいる、の２つくらいで、多分服を交換した理由（自分で言い出したにも関わらずですよ）や、皆にタヒチでコンペをしようと言って次回は無理矢理タヒチに決定したことなどは覚えていないのです。

それは、もうずっとあと、私が日本に帰ってからこの日のことを聞いてみたら、「やっぱり、あれはコンちゃんでしたか、私ね、家に帰ってから、なんで自分の好きなライル＆スコットを着ているのかよう分からんでね。ワッハッハッ、えーっ？　タヒチでコンペ？　そんなこと言うてましたか。オーッホッ！　ホッ！」と言っていました。

ねっ、悪い人ではないのですよ、ないけどもお酒が入るとテンションというのが急に上がり、皆に呼びかけて何かをしようとか、どこかへ行こうとか、その場をすぐ盛り上げようとしていろんなことを言うのです。でもね、憎めないのです。それでいて病院に行くと白い診察服を着て廊下を歩く姿はそれはそれは男前で、男の私が惚れ直すくらいなのです。

そして、帰国してからいつの間にか本当に仲良しになって……ゴルフや釣りや旅行やといつも一緒に楽しむ仲間になっております。

還暦の年には、私と花田先生、八十島さん、そしてもうひとり、急逝した栗田さんを含めた同い年の4人が還暦記念で思い切ったことをしようと、ちょっとだけアルコールの入った花ちゃんの呼びかけで「一生に1回だけ、思いっきり還暦ツアー」と題し、なんとアメリカはカリフォルニア州サンフランシスコ空港から車で2時間、世界に知られたペブルビーチ・ゴルフ・クラブの旅が実現したのです。それはもう夢のような（俺達ゃぁプロのゴルファーかい?）というような旅だったのです。この4人は、4人ともお互いの仕事とは全く関係のない4人で、いずれも「くらくえん会」のメンバーなのです。

では次の項でその珍道中をご披露しましょうか?　しかし私が日本に帰ってきてから還暦までで丸7年、この期間にたくさんの友達ができましたが、親友と呼べる友人が60を前にしてこんなにできるなんて思ってもいませんでしたし、何も親友ができるのは若かったり学生時代であったりする必要はないのですよね。還暦前の親友、多分死ぬまで親友です。仲良くしてちょうだいね。

ホンマかいな？　還暦ツアー

あれは……私が還暦になる前の年、場所はその年何回目かの「くらくえん会ゴルフコンペ」のあと、「ちょっと一杯のくらくえん」での打ち上げ表彰会兼、飯会の最中、例によって勢いのついた花ちゃんが今回は珍しく私の耳元でそんなに大きくない声で、

「コンちゃん、知ってますか？　来年我々は還暦ですよ！　還暦というのは一生に一回しかないんですよ！　その貴重な一回を何もせずに過ごして良いのですか？どこか行きましょうや、私も今からなら病院のスタッフに根回しをして還暦休みを取れるようにして行きますから、コンちゃんも手配しなはれ。会社に言うて番組を

1週間くらい休ませてもらいなはれ。来年還暦を迎える同い年の仲間があそこにいるでしょ！　そうです八十島さん、それとその横で無心に、片っ端から料理の載った皿を平らげている大飯食いの栗田さん、これで4人ですよ。この還暦4人組で一生の思い出になるような還暦にふさわしい旅行をしましょうや」と、言ったのがすべての始まりでした。

何日か経ったある日、八十島さんから連絡がありました。

「アメリカのゴルフですけどね……」

「えっ、あれアメリカに決まりましたんか？　アメリカ言うてもぎょうさんありますよね？」

「さあ、それですがな、それで私の知り合いに聞いたんですけどいろいろ言いますねん。で、近藤はんはどこがよろしいねん？」

「私はどこでも構いませんが、今日はこっち明日はこっちと長距離の移動は大変ですよ」

「ほんなら行き先はまかせてもろてよろしいな？」

ということで数日経ったある日、大阪市内の一流ホテルに集合がかかり出向いて行くと……。上の何階かに設けられた和室の特別室に、花ちゃん、ヤソやん、栗さん、私というベストメンバー、そして見知らぬ女の方がひとり。この人がゴルフ旅行専門の旅行会社のお姉さん。まるで極秘のピンクツアーにでも行くようなメンバーと雰囲気、浮き足立ったような4人と冷静この上ない旅行会社の人。

なんじゃかんじゃと騒いだ挙げ句、それぞれが描く夢は地理的な条件、予算、日数などで無理ということがはっきり指摘され、全員うなだれかかった時に、

「では、皆さん方のご要望を総合的に勘案いたしまして、私どもがご用意致しましたのはこちら、ペブルビーチ・スリープレイとラスベガス・ワンプレイ4泊6日間のツアーですが、皆さんのご予定でいきますとこれが一番だと思われます。もちろん、現地では日本人の現地ガイドがお待ち致しております」

「それしましょう！　そういうのが安心でよろしいで！」

という花ちゃんの勢い込んだ声でほとんど決定しました。海外は皆経験があるというのです。英語圏は大丈夫、特に花ちゃんは、

「私、昔ですけどアメリカに留学してましてん」

と言うし、ヤソやんは、

「私は商売ですから原料の買い付けや商談でアメリカ、イギリス、ヨーロッパ各国に行ってます」

栗さんは、

「ワシその時に八十島に誘われてよう一緒に行ってんねん」

そういう言葉を信じた私がバカでした。あとで分かりましたが、その時はもう遅いのです。2007年4月30日、私達還暦4人組は関空を飛び立ちました。同じ日付の30日、サンフランシスコ国際空港に降り立った私達はなんとか無事にアメリカに入国。ちゃんと迎えの現地係員にも出会い、空港から車で2時間余りのカリフォルニア州モントレー市のペブルビーチゴルフ場に向かいました。ここからですよ値打ちは！

このペブルビーチゴルフ場への入り口は、高速1号線からと68号線から分かれて入る5カ所しかありません。しかもその入り口には検問所のようなところが設けてあるのです。モントレー市のナンバーを付けてない車はナンバーをチェックされます。

ここは「ペブルビーチ・ゴルフ・リゾート」が正式名で、滞在先や理由を聞かれ、出ていく日にちや時間をチェックします。もし予定どおりの行動を取らなかった時には警察に知らせがいくそうです。そしてここは広い、このリゾートの中にゴルフ場が5カ所もある。ゴルフ場だけでなく、敷地内にホテルが2カ所、ショッピングセンターが1カ所、レストラン4カ所、ピクニックエリア2カ所、病院もあります。ですからこの検問所から我々が宿泊するホテルのあたりまでが、有名な奇跡の17マイル（すみません、私らも案内のガイドさんから教えられて初めて知りました、奇跡の17マイル）――海岸線沿いの町に続く17マイルは、その海岸線にそそり立つ崖に穿たれた道と海と緑の森のバランスがあまりにも美しいのでこの名前がついたとか。

そして検問所を抜けて間もなく、左側の海に100メートルほど突き出た崖の上に1本の杉が立っています。これこそ有名な樹齢250年以上と言われるローン・サイプレス（孤高の1本杉）。皆が車を停めて写真を撮ります。もちろん私も撮りましたがすぐ足元にはリスがチョロチョロし、崖の下の海にはラッコが泳いでおり、この雰囲気と環境にもうすでに参っている自分を感じました。

これから私達のあとを追ってペブルビーチに行こうという方のためにも、いろいろな情報をお伝えしましょう。いわゆるペブルビーチというところはアメリカのプロゴルフツアーの試合が毎年行われる名門ゴルフコースではありますが、先ほども書きましたようにこのエリアには5つのゴルフ場があり、全部でプレイできるわけではないのです。

ひとつは子供達やゴルフをしたことがない奥さんと遊ぶ全ホールがパー3のパターゴルフ場、デルモンテゴルフコースは完全にメンバーのみがプレイできるコース。残るのは3つ。①ザ・リンクス・アット・スパニッシュベイ、②スパイグラス・ヒル・ゴルフコース、③ペブルビーチ・ゴルフリンクス、この3つで3番目が有名なコースなのです。

スパニッシュベイは行きと帰りの景色が全然違うところで、海岸沿いは美しいコースです。スパイグラス・ヒルはイギリス的なコースで、ちょっとでもグリーンを外すと高さ50センチほどのスパイグラスという草に阻まれて絶対にボールは出てきません。さて皆さん(浜村さん風に言ってくださいよ)、ここでプレイをしたジェントルマン4人はどうだったか？　日本ではハンディ10を切る名人・栗さんはまあまあでしたが、残りの3人はもう、わやくちゃですからそんな話は止めましょう。

それよりも行かんと分からん情報をお話ししましょう。実はこれらの、特にペブルビーチ・ゴルフリンクスの横はコースに沿って超高級住宅が並んでいるのです。世界的に有名なあの人も、この人も……、でも名前は言えません。モントレー市もここの住民については一切発表しません。それは安全のためだそうです。ですから世界に画像が流れるゴルフ中継の時は海岸と反対側にズラリとならぶ高級住宅の家々は絶対に映さないのです。

ところがウチのメンバーは違いまっせ！　我らが八十島さん、何番かのホールで右に大きくボールを曲げました。そのボールはコース脇の美しく手入れの行き届いたおうちの庭に飛び込んでいきました。コースと庭の間には綺麗に刈り込まれ、人が出入りできないようにみっちりと木が植え込まれ、でもどちらサイドからでも向こうがはっきりと見えるようになっております。こちらのコース側からお庭を拝見致しますと、美しい緑の芝生の中に白い八十島ボールが転がっているのがはっきり見て取れます。すると、何を思ったか八十島さん庭木の端っこにちょっとした切れ目があるのを目ざとく見つけ！　帽子をさっと取って胸に当て、誰が観てるかも分からんのにとにかく腰を屈めて１８６センチは優にある体を少しでも小さく見せようとするのか、そして妙にペコペコしながらボールを拾い上げ、そそくさと庭を横切って出てきました。

それを見つけた栗さんは、

「オイ、撃たれるぞ！　伏せ、身体を伏せ！」

伏せようとするのか、早く外に出ようとするのか、妙なことをすると危ないと思ったのか、顔は引きつった愛想笑いを浮かべ、足はシュシュッと早送りし腰は半分折り曲げ、無事にコースに戻ってきた八十島さんは、心なしか青い顔をしておりました。

「お前、ボールと命とどっちが大事やねん。アメリカはな、自分の敷地に無断で入った奴は撃ち殺してもかまへんねんで」

という栗さん。しかし私だけは知っておりました。この家は今、修理中でベランダの奥には白い透明シートが見えており、住人は居ないようでした。そうか、ああいうふうにして節約をせんと、成功者、お金持ちと言われるようにならないのだなぁと勉強致しました。

その日の夜、晩ご飯のあとでした。「ちょっと行きませんか？」という花ちゃんの誘いでホテルのバーに行きました。

「ウィスキー、ウィズアイス！」

と注文する花ちゃんのなんと頼もしく思えたことか。

「やっぱり留学経験のある人はちゃいますねぇ」

というと少し照れて、

「イヤぁ、ちょっと行ってただけやから、もう忘れてしまってねえ〜」

「それにしても今日大変でしたねぇ、もし本当にあそこに人が住んでいたらえらいことになりそうでしたね」

などと少し話をして、帰るからお勘定をと言って支払いを済ませた立ち上がり際、花ちゃんはバーテンのおっちゃんになんと言ったでしょうか？

そうです。そのバーテンの顔を見ながらにこやか

に、例の大きな声で、

「どうもごっつおさん！」

向こうは「はぁん？」と言う顔をしながら見送っていましたが、さすがにプロですね。私にはニッコリして、

「彼は酔っているの？」

と聞いておりました。次の日、町まで出かけて衣料品のディスカウントショップで土産用のTシャツを買っている時、レジを打っているお姉さん、もちろんアメリカの白人の若いお嬢さんでした。そのお姉さんに向かって我が花ちゃんは、白いTシャツを手にしてはっきりした日本語で聞きました。

「ねずみ色はないの？」

アメリカに留学したのは本当です。しかし言葉は特に外国語は使わないとドンドン忘れていきます。帰りの車の中で花ちゃんは言いました。

「私、外国は嫌いですねん。これからは日本語でなんでも通じるところに行きましょうな」

たしかにこう言うた人が、最後のゴルフをラスベガスのゴールデンベアでやった

時、カートを運転する私に、「オッケーレッツゴー！」「ストップ」「レフトターン」と全部英語で言うのです。

「なんで日本人の私に英語で、アメリカ人には日本語やねん」

温泉でっせ！　4人衆

思い起こせば何年前？　もう4〜5年になるでしょうか。ほとんど私の思いつきで、「今週の土曜日、空いてる？　カニ食べに行かへん？」という誘いに乗って、来てくれたのが原田伸郎、森脇健児、渡辺裕薫《ひろしげ》、それに私の4人。これはあとからメンバーを聞いた人に言わせると、なんと変わった組み合わせ、という4人組だそうです。

松竹の漫才師・シンデレラエキスプレス（これでは長すぎるので、私達がいつも使っている省略形「シンプレ」にします）のひとり、渡辺裕薫、ナベちゃん。同じ松竹でピンでひとり漫談をやってはいるけど、本当は走ることに命をかけている走りタレントの森脇健児、ケンちゃん。この2人とはなんの関係もなく、歌い手であり喋り手であってゴルファーの原田伸郎、通称ノブリン。そして、私。共通点は「こんちわコンちゃん」に出ているということだけ。

なぜこの4人になったか？　理由はありません。でも、11月解禁のカニ漁、世間の人々はカニをカニをと北へ向かう。そんな中、たまたまではありますが、昔々私がやっていたラジオ番組で「グアムグアムグアム」というのがあったのをご存知ですか？　その番組には、番組宛のリクエスト「グアムグアム・リクエスト」はがきを整理するお手伝いの大学生のお嬢ちゃん3組が居て――3人ともがべっぴんさんでした――、その中のひとりが突然電話をしてきて、「近藤さん、お久しぶりです。覚えていますか？　私です、チャンですよ。そう『グアムグアム』の時のチャンです」というのです。

この子は特に思い出深い子で、あわら温泉で有名な「つるや」の一人娘。べっぴんさんで結婚披露宴を大阪と芦原の2カ所で2回やり、大阪のホテルの時も地元の「つるや」でやった時も私が司会をしたのです。

そのチャンからの懐かしい電話。どうやら大阪に来ている時か、大阪の友人に聞いて私のことを久しぶりに知ったらしいのです。そのチャンが「あのね近藤さん、私今、オアネエさんをやっているんですよ」と言いましたが、これが分かる人は福井の温泉町のことをよぉく知っている人でしょう。あわら温泉では温泉旅館ごとのご主人ではなくて、その奥さん、いわゆる女将さんのことをオアネエさんと呼んで尊敬し、その旅館の総指揮者として認められるのです。チャンは一人娘、結婚して名前こそご主人の方の名前を名乗ってはいますが、実態はこの旅館の跡継ぎとして旦那さんも努力してきて長い間貢献してきています。

でも、チャンのお母さんがオアネエさんであることは変わりなく、いくつになってもオアネエさん、長い間お母さんがその実権を握っておられたのです。このお母さんもようやく決心がついたらしく、とうとう娘にオアネエさんを譲られたという次第でした。

「そうなって初めてお客さんに近藤さんをと思い立って電話をしました。あわら温泉にお出でになりませんか？　ちょうどこっちはカニの時季ですし。近藤さんは知らないかも知れませんが、福井でもこのあたりはカニが有名で、日本でも一番高い値がつくと言われている、三国《みくに》のカニがあるんですよ。でも今回は、私が来てくださいと言っているのですから、あまり心配しないで来てください。もちろんお友達とご一緒にどうぞ」

　というわけです。

　さあそこで、誰と行こうかなと思案の最中、その日のレポート担当がシンプレの渡辺君ことナベちゃん、毎月1回のゲストが森脇健児ことケンちゃん、2人とも気安い仲だったのと声もかけやすかったので誘ってみると、それこそ2つ返事で「行きましょう！　是非」。次に出てきた言葉が「でも、カニでしょう？　それで、その三国とかいうところの有名なカニなんでしょう？　費用がねぇ……」

「えっ、心配するな？　おごり？　誰の？　旅館の女将？　全額タダではないけど大サービス？」

「行きましょう！　男、森脇、ぽーんとおごられましょ」

「予算というものがあるでしょう？　私にも心積もりというのが要りますので、そんな有名な旅館でなんぼおごりや言うてもビックリするような金額が請求されて気を失いそうになるというような場合は助けてくださいよ。〝ナベ！　ひとり10万や〟とかいうたら私は死にますよ。それでも行きますけど……」

　と言うことで2人は決まりましたが、食べに行くのはカニでしょ？　カニは基本的に鍋ですよね？　鍋を囲むのに3人は具合悪いですよね？　で、考えているところに浮かんだのが、ノブリンこと原田伸郎さん。ノブリンはたしか食べるのが好きやったはず。携帯で事の次第を話して、「行く？」と聞くと「ちょっ、ちょっと待ってよ、予定調べるから……、え〜と、あっ行ける、行く、行く」。こうして無事4人が揃ったわけです。

いよいよ来週行くという頃にケンちゃんから連絡がありました。

「あの〜、僕は走ることがウリのタレントやし、走るのが好きやねん。で、あわら温泉て調べたら東尋坊の近くやないですか？　芦原から東尋坊ってええ感じで走れると思うし、こういうところで走っておいたら、また何かの時にネタになると思うんですよね（彼はいつでも自分のタレントとしての成り立ち、そしてネタ、のことを考える人です。ホントに感心するぐらいしょっちゅうこの言葉が出てくる人です。エライ！）。せやから行く日も、コンちゃんは皆と一緒に夕方来るでしょ？　僕は一足先に行って3時頃から走ってきますわ。それを旅館の方に言うといてもらえませんか？」

というのです。私はきっちりチャンに電話をかけて言いました。

「今回行く人は皆タレントばっかりになりました。中でも森脇ケンちゃんは走るタレントさんで有名な人やから、我々よりもかなり早く、3時前頃には旅館に着いて3時頃からは東尋坊まで走って、我々が着く頃には帰ってきてるらしいねんけど、ケンちゃんが先に着いたら、悪いけど東尋坊までの地図を渡して走らせてあげてちょうだい」

「なんやてぇ？　そんな、東尋坊まで往復50キロほどあるって？　でも、自分で調べたみたいでええ感じで走れるって言うてたからええのんちゃう？」

と、心暖かい連絡と手配をしておいたのです。

さていよいよ出発の日、特急「サンダーバード」に集合したコン・ナベ・ノブの3人組、芦原への土産は新大阪駅で買い求めた「551蓬莱」の大きいしゅうまいと豚まん、それと今はもう無くなってしまいましたが新大阪の在来線改札口の横にあった「御座候」の黒あんと白あん各十個入り2セット、これとは別に黒あん5つ入りは私達の車中用のおやつ。あれやこれやと話題は広がりついには三国のカニへと移りました。

「これはな、ちょっと聞いたり調べたりしたんやけど、ほんまに三国のカニは高いらしいで。浜値でもええやつは一杯が5万円とか6万円とかするらしい」と私が情報を漏らすとナベちゃんは「え〜っ、そんなカニがあるんですか？　一杯て、たくさんのいっぱいではなくていわゆる1匹のことでしょ？」。ノブリンは「うん、聞いてたことと一緒やね、それでもおいしいのは天下一品で、なんかものすごく身が甘いらしいわ」。

どんなカニやろかという期待がいやますばかり。それと同時にお値段のことが一段と不安をかき立て頭の中は混乱の極み。「ええい、もうここまで来たらしょうがない、知らない客ということでもないし、いざとなったらあとで振り込みするからということで堪忍してもらおう。誘ったのは俺やし、この際は責任上、勘定はもう俺が持とう」と決心して、芦原温泉駅に降り立ったのであります。

駅まで迎えに来てくれたのがチャンの旦那さん。懐かしい顔でした。久しぶりに昔の話などしながら「つるや」に着くと、すっかりオアネエさんの貫禄というか、らしくなってるチャンに迎えられ、大姉さんになられたお母さんにも30年ぶりぐらいでお目にかかりました。

「つるや」で一番の特別室に案内されるとそこにはすでに1人分の荷物が。そうやケンちゃんが先に来てるんやと全員が思い出して部屋係のお姉さんに、「この、先に来て荷物を置いて走りに出た人はいつ頃帰るとか言ってませんでしたか？」と尋ねたら、「はあ、それが今さっきから皆でおかしな人がいると話題になっているんですけどね、『つるや』の前の道を何分かおきに右から左、しばらくすると左から右へと、マラソンの格好をしたうちのお客さんが行ったり来たりしておられましてね。皆であの人は東尋坊まで走りに行くと言っておられたけど、今の調子をみたら、どうやらこのあわら温泉の周りをグルグル回っておられるだけみたいやねと言ってるんですよ。きっとあちこちの旅館で話題になっていると思います。こんなお客さんは初めてですからねぇ。ウフフ」。

私達が荷物を開いて楽な格好に着替えた頃、帰ってきました我らがランナー。

「ケンちゃん、どうやった？　東尋坊」

「ウーン、まあまあやな」

「へー、今やケンちゃんはこのあわら温泉中でスターらしいで」

「エッ？　なんで？」

「そらそうやん、この何時間かケンちゃん、その走る格好で温泉回りをしてたやろ、走りながら温泉巡りをしてる人が居るいうて、いまや温泉中で噂になってるらしいよ」

「イヤ、それはおかしい。ここに着いて地図をもろたら、アンタァ往復50キロくらいあるやないの。フルマラソンでも42・195キロやで！　そんな、今からおいしいカニ食べておいしい酒を飲もかという時になんで自分ひとりが飲む前からヘロヘロになっておいしいねんな！　あかん、あかん、そんなん許されへん。と思って温泉の周りを回ることにしたんやないの」

というような仲間うち特有の会話が交わされ、ひと笑いしたあとお風呂へ。ここはあわら温泉で1・2を競う有名旅館、特に露天風呂が面白くて、大きな石をくり抜いて縦に置き、壺を置いているようにした壺風呂、横長の石もくり抜いて石船のようにした船形の風呂、そして岩風呂といろいろあってゆっくりしています。

風呂の中でも修学旅行のようなひと騒ぎ！　大きいとか小さいとかいつものようにあって、いよいよカニ食い大会へ。黄色いタグをつけられた大きなカニさんが部屋に持ち込まれ、こんな立派なカニさんとは初の面会。姿といい、型といい綺麗！男前！　透き通ったような足や腹の透明感、お見事！　しかも今日は皆さんのお出でを記念してひとり1杯計算でお出しします、というその時点でアゴが外れそうなお申し出。「もうええ！　もうなんぼでもええ！　こんな立派なカニがいただけるなら少々の借金は受けよう！」という決心が心に浮かんだ瞬間でありました。

それからはもう、めくるめくひと時。カニの刺身、焼きカニ、蒸しカニ、カニだけでなく日本海の三国漁港に揚がる、旨い肴のオンパレード！　でももうこの辺でいやしい我々は焦って食べ過ぎ、お腹が張ってきてます。ところがまだ本番の鍋が出ていない。ケンちゃんは酒を飲む飲む、焼酎をほとんどひとりで空けて絶好調！　怒鳴っているのか話しているのかボリュームが完全に壊れた状態の大声！　ナベちゃんとノブリンはどんな話にも大笑いで応え、飲む、食べる、飲む、食べる。

そして皆さん信じられますか？　私達はあんなに楽しみにしていたカニすきの鍋の中に、カニを残したのです。最後は考えもしなかったカニの譲り合い、食べやすい足は片付けたもののハラミというか甲羅を取ったあとのお腹の身の部分、たしかに身は取りにくくはあるのですが、普段なら喜んでむしゃぶりついている部分です。「もうこれ以上はいただけません」状態に陥った我々はどうぞどうぞと譲り合い、鍋から身を乗り出さんばかりにせり上がる、あの三国のカニを前にして誠に美しい食

事会の風景を繰り広げておりました。
おじや？　そんなもんどうやって食べるんですか？　胃袋はカニではち切れそうなんですよ。しかし、この三国のカニがなんでおいしいのか食べないと分かりません。身が甘い！　なんとも言えぬ甘さがあります。漁に出た日のうちに必ず帰港して水揚げされ、新鮮なうちにセリにかけられて料亭や旅館に引き取られるから、という話や、どうも海で食べてる餌に何か違いがあるらしいとか諸説はありますが、なんと言っても食べておいしいかどうかが問題ですよね？　これがうまいんだからどうしようもない。おすすめします。あわら温泉「つるや」に行って、「近藤の紹介で来た」と言ってください。「ああそうですか」と言って迎えてくれます。
えっ、この時のお勘定ですか？　オアネエさんになった内祝と最初の1回ですからといって、お安くお安くしていただき、ちゃんと4人できっちり割り勘にして全員が「え〜っ！　こんなにお安くて良いんですか？」と心から安堵の笑いを浮かべてお支払い致しました。

それからは冬になるたびにこの時の話題は出るのですが、心のどこかに「あのようなお値段であの時のようにカニがてんこ盛り出て……というのはもう無いやろうなぁ」というのが浮かんでなかなか行けていないのですよ。

今年はもういっぺん3人に声かけて、部屋も小さい部屋にしてもろて行きますかね。カニもあそこまで立派なのはもったいないのでボチボチのサイズでかまへんし……。2人で1杯で十分やし、おじやも食べたいし……。

ライブ版トワイライトエクスプレス！　大阪↓札幌

今回はライブ版につき少々皆様にもご協力をお願い致します。ここから始まる数行は講談調で、できれば声を上げてお読みくだされば嬉しく思います。

それでは参ります。

時は西暦２０００と12年、数えて平成24年、月は皐月で5月の20と6日、旅行鞄の握り手をグイッとばかりに握りしめ現れ出でたる大阪駅！

自動改札颯爽と、くぐり抜けたるその後は、トントントンと数段続く階段を、心軽やか跳ぶように、上り詰めたるその上は、数あるホームの端近く、数え数えて10番目！　誰が名づけた習わしか、10番ホームと呼ばれけり！　正午を控えて15分前、次から次へと集まりて、オウとばかりに手を挙げて互いに見交わす顔と顔、誰じゃ誰かと眺めれば、きのうも会うた今日もまた、長年馴染んだ友の顔、左にサブロー右には風に白髪なびかせた、女泣かせの八十島眞、さて4人目はと見てやればぁ！

低っくき声をば響かせて「どうも、どうも」と院長、ハナダァ・あっ・よぉしゅ〜きぃ〜。

と、ご協力ありがとうございました。上手く読めましたか？　これが講談調でスッと読めるようになれば、アナタの人生に豊かな彩りを添える趣味がひとつプラスされたことになります。それを目指そうという方は、次に三波春夫先生のCD歌謡浪曲集、中でも「俵星玄蕃」をご勉強くださいませ。

話が少しそれましたが、こうしていつもの仲間、おっさん4人組、花ちゃん、ヤソやん、サブやん、コンちゃんが揃いまして大阪駅をあとにしたのでございます。

ここは間違いなくそのトワイライトエクスプレスの中、私の部屋は1号車A－5という部屋、花ちゃんが2号車A－1、八十島さんが2号車A－2、サブローさんが2号車A－5、部屋に荷物を置いて服をかけてという間に発車、するとすぐにノックの音がして車掌さんが切符の検査、検印済ませてドア閉めて、2分も経たぬ間にまたノック、今度は食堂車の係（レストランのシェフやサービスの人がよくしている長めのエプロンをしているから分かるのです）が「このあとのサービスでお持ちするお茶は、コーヒー、紅茶、ジュースのどれにしますか？　普通の日本茶は冷たいものが1本付いています」というお尋ねと、「明日の朝食時間は何時がよろしいですか」というもの。

「その件につきましては向こうの部屋の……」と言いかけると、

「はい、2号車1番の花田さんがそういうことは皆、近藤さんに訊いてくれ、あの人がリーダーで全員が近藤さんに従うことになっているから、と言っておられましたので、どうぞお決めください。決まったことは私が皆様にお伝えにまいりますから、ご一行様はあと八十島様、サブロー様の計4人様ですね」

もうハイとしか言えないような尋ねぶり、何百回にわたってこういうワケの分からん客を相手に磨き上げてきた見事な問いかけ、間髪を入れず、

「朝食のお時間は6時45分、7時半、8時15分ですが、7時半はいかがです？　これでしたら朝食時間の30分前の7時にモーニング・コーヒーをお届けに上がります。それで目を覚まされて、7時半からご朝食は良いタイミングかと思いますが」

これで、嫌ですとかイイヤと言えますか？　というわけで朝は7時半からご飯と決まりました。えっ？　和か洋か？　これも見事でしたよぉ。

「ところで近藤様、明日お昼はどちらの方へ？　あ〜、あの洞爺湖のザ・ウィンザーホテル洞爺でフランス料理？　よろしいですねぇ。では朝食は和食ということに致しましょうね」

と、どうですこの見事さ！　私はほとほと感心致しました。この頃には京都も過ぎトンネルを抜けて大津へ、琵琶湖を右に見て近江高島駅を過ぎるあたりで午後1

時、さてここからでございます。今、日本で食堂車を連結して走っている列車はたった3本しかないのをご存知ですか？　上野↔札幌間を走る「カシオペア」、同じく「北斗星」、そして「トワイライトエクスプレス」。この3本だけなのです。でも、この3本の中でも上り下りを計算して6本のうちたった1本にしかないサービス、それは大阪発札幌行きの下り「トワイライトエクスプレス」の食堂車だけで食べることのできるランチ、昼ご飯です。

私とサブやんは名物と言われるオムライス、花ちゃん、ヤソやんはマカロニグラタン。これにビールを付けて乾杯！　いろいろ話に花が咲き、長い長いトンネル——北陸トンネル（13・870キロ）は今でも在来線第2位の長さを誇るトンネル——を気にもせず抜けると、福井県の敦賀がもうすぐ。このあたりで場所を変えましょうかと「ダイナープレヤデス」という名の食堂車を出て隣の4号車へ。

「サロンデュノール」という名前がつけられた展望車に入ると、通路を挟んで進行方向左に2人掛けのソファーが天井のカーブまで切れ込んだ大きな窓と平行に5つ並び、通路を挟んで右側に窓と平行に6人掛けの大きいソファーが2つ、真ん中に8人掛けの大型ソファーがひとつ、大きなソファーから景色の良い海側を見ても邪魔にならないように段差を設けています。

ここで空いた席を見つけて座ると、福井県が出身地の八十島さんが敦賀や鯖江、福井の話をしてくれます。昔の福井の話が次々に出てきます。あわら温泉の話も出ました。福井県が終わる頃になると、お昼から飲んでいたこともあってお昼寝がしたいと可愛いヤソちゃんが言い出し、「実は私も」と待っていたかのように追随したのが花ちゃん。こうして4時前に自分の部屋に帰り各自お昼寝。私も寝ましたが5時過ぎにはちゃんと起きて日本海をじっと眺めていました。

下り、大阪発→札幌行きの「トワイライトエクスプレス」に乗ってこの楽しみを忘れるのは、卵かけご飯に卵の黄身を入れないようなものです。それは列車の窓から日本海に沈む夕日を写真に残すこと。

黄昏が始まる5時10分頃から客室の海側に大きく設けられた窓と向き合い、海と海岸の岩とのバランスなど「これ」という一瞬を待ち構えます。段々と黄色から朱色へと彩りを変えながら夕闇を連れてくる前のひと時（これを英語で「トワイライトタイム」と呼びます）、この列車の名前になっているほどですから、日本海に沈む夕日を窓から見ることのできるこのひと時は値打ちがあるのです。

そうそう、「トワイライトエクスプレス」の車両塗装は濃い深緑色の車体に黄色のベルトが取り巻いていますが、この黄色こそトワイライトの色を表現したものって知っていました？

こうして夕日をカメラに納めホッとして写真を見直したりしている間についウトウト、気がつくともう7時15分。7時半には「ダイナープレヤデス」での夕食が始まります。これがまた、「トワイライトエクスプレス」の乗車券を運良くゲットした時に同時に注文して予約を取っておかないと、席数が足りなくて食べられなくなるという人気のフレンチ・フルコース料理。客車の中でこんなにレベルの高い料理が食べられるなんて……という料理なのですぞ！

車両に行くとすでに他の3人はお座りでした。まずその3人はビール、私はノンアルコールで乾杯、前菜のあとにカメラを取り出し夕焼けのシーンを見せるとサブやんが同じようにカメラに残した映像を見せる。全部とは言わないまでも「これ綺麗なぁ」というのがそれぞれに数枚はあり、自己満足に浸りながらフランス料理を楽しむ。「こんなことって何か久しぶりの感覚やねえ」と言いながらまた話に花が咲き、夕食の営業終了時間9時があっという間に訪れ、またそれぞれの部屋に……と思いますか？　この酒飲みの2人、そう、花ちゃんとヤソやんが居るのです。

「9時になったら一度外に出てください。しかし、ただちに私達は食堂車のテーブルクロスを外して夜のパブタイム営業用に化粧直しを致します。ほんの10分ほどでできますので、またその時にお戻りください。そうすればパブは11時まで営業致しますから、またお支払いさえくだされば、飲み放題ということで」という情報は食事中に私達が上手に得ております。

へいへいと部屋に帰るような、そんな草食系の青い人間ではありません。全員人生の垢にまみれて真っ黒け。車両の外には行くけれどドアの外に佇みガラス越しに中の様子を、しかも中のスタッフから見えるような位置で、待っているようで待ってない「イ

ヤそんなに待っているわけではありません、けれどもひょっとして早く支度が終わって行けるようならそれは嬉しいのですよ」という気持ちがくみとれるような目線で、偶然目と目が合うと少し笑いを浮かべながら心の中では「早よしてちょうだいよぉ、待ってるよぉ」と念じてオーラを送り……。

そうしていると、なんと5分半ぐらいで私達の座っていたテーブルが一番に仕上がり、手招きでどうぞ、どうぞ、という合図、「そ〜ぅ〜でぇす〜かぁ〜」とヘタな御用聞きのように腰を屈めてテーブルに着き、「食事の時にビールとワインいきましたから、今度はウィスキーでいきまひょか?」とマッカランの炭酸割り、いわゆる今流行のハイボールですな。これでまた、ここには書けない小さな身の回りの世間話で盛り上がり、ふと気づけば周りのテーブルのお客さんは皆帰り、私達だけ、「ご迷惑をお掛けしました」と最敬礼でお礼を言ってジャスト11時に部屋に引き上げ、それからのことは各自、翌朝に報告を訊くも誰ひとり覚えていないほどゆっくり寝た様子で、朝7時半の朝食タイムにも誰ひとり遅れることもなく、といっても朝食タイムの30分前にはAという名がつくお部屋にはモーニング・コーヒーと朝刊が配られますのでちゃんと起きてるのですけどね。

まあこうして和朝食のセットが並んだテーブルで、

「この右手に見えてるのはどこの海？」

「ああ函館湾！」

「えっ、サブローはんがご飯よそってくれはるのん？　すんまへんなぁ」

「向こうに島みたいに見えるのが実は島でなく半島のようになっている室蘭？」

「わあ！　桜や。今この時季に北海道は八重桜が満開なんや」

と騒いでいるうちにあっという間に札幌。９時52分。定時運行で定時到着。約22時間の旅でした。

最後尾とその一両前の車両に乗っていた私達は、荷物をコロコロさせながら急いで十両先の先頭まで向かいます。ここには北海道の函館五稜郭から札幌間にだけ現れるＤＤ５１という綺麗なブルーのディーゼル機関車二両が重連で止まっています。深緑の車列の先頭二両がブルーの機関車！　綺麗ですよ！　客車に乗ったままなら分からないけれど、降りて見ると本当に綺麗。写真を撮って一段落したらもう発車。

この「トワイライトエクスプレス」は車両基地に行って掃除をしたら午後２時５分

には札幌発大阪行きの上り便として、大阪から乗務してきた同じサービススタッフを乗せて帰るそうです。テールライトを見送った私達はどこへ？

それはまたどこかで話さずにはおれない、良い場所でのお昼ご飯でしたから、またね。バイバイ！

第4章

毎日放送、局付芸人とは私です

音楽と私

この番組のテーマソング「飛べ飛べサザンアイランド」ができたのは、平成12年11月29日、放送で発表したのが翌30日木曜日、つまり西暦2000年11月30日です。原田伸郎（作詞）、山村誠一（作曲）、バンバン（ばんばひろふみ、歌唱指導）、渡辺たかね（歌）で録音作業をしたのが、今は無き、毎日放送千里丘放送センターの1階、正面玄関の受付デスクを過ぎて右側にある最初のスタジオ、第1スタジオです。ここは毎日放送ラジオの歴史にとっても重要なスタジオで、若者向け深夜放送ラジオの草分け「MBSヤングタウン」（通称ヤンタン）土曜日の公開録音を行っていました。

私が毎日放送の社員アナウンサーに採用されたのが、1971年4月。その後は8月までアナウンサーとしての研修が毎日続きます。8月が終わる頃正式採用になり、ここで初めて、株式会社毎日放送正社員として身分証明書が渡され、名刺も作ってもらえます。そして、アナウンサー室の室員として配属され、番組にも付けてもらえます。

私がラジオの番組に初めて配属されたのが、土曜日のヤンタン公開録音、メイン司会が桂三枝さんで、サブ司会が私でした。このヤンタン土曜日の公開録音を毎週やっていたのが第1スタジオ（通称1スタ）。

そういえば、あの河内音頭でお馴染みの河内家菊水丸君は、私が土曜日のヤンタン司会をやっていた頃、まだ中学生の悪ガキでした。放送センターの裏手、ミリカゴルフ練習場から愛車のホンダ・シビックで急坂を登ってくると、こちらに向かって何か叫んでいる子がいるのですが、いかにもガラの悪そうな奴だったので、知らん顔して通過しようとしたら、なんと新車の我がシビック様に向かって石を投げてきました。これが、今の菊水丸君との最初の出会いだったのです。あれはほんまに悪い奴でした。

でも今はホントに良い関係で、特に大相撲春場所に行きたい時は菊ちゃんに頼むのが一番です。相撲関係者に顔が広い！　菊ちゃんのおかげで土俵際の審判員の親方が座る砂かぶり席で見せてもらったこともあるし、桝席のお世話もしてもらったこともあるし。助けてもらっています。菊水丸さんありがとう。

そんな話は置いといて、この1スタは、私が客前育ちと言われ、色物アナと言われる特殊なアナウンサー人生をスタートしたところでもあるのです。私はアナウンサーとして最初からテレビの公開録画の「ヤングおー！おー！」やラジオの公開録音の「MBSヤングタウン」、スタジオに20〜30人の奥様を入れての生放送をするお昼のワイドショー「スタジオ2時」と、のっけからそういう番組ばかりを担当し、すべてがお客様の前で司会進行をするという番組でした。

だから、「お前は客前で育った」とか、芸能関係ばかりをやっていたので「色物育ち」とか言われ、当時のお笑い芸人仲間からは「毎日放送・局付芸人」とまで言われて、他のアナウンサーとは違う扱いを受けておりました。番組や局を離れたプライベート時間にはお笑いの吉本興業、松竹芸能の芸人さんと同じような目で見られ、局の中では、「お前の読むニュースには信頼性が欠ける」と特に報道関係からは冷たい目で見られ、一段下の扱いを受けました。

でも、私にとっては落語や漫才の人気者の芸人さん、売出し中の歌い手さん、ベテラン歌手の方、そういう人達との交流の中でたくさんのことを勉強させてもらいました。そういう客前アナ人生のスタートが、ここ第1スタジオだったのです。

そんなスタジオに再び帰ってきてこの番組のテーマソングの録音をすることになり、他の人はいざ知らず、私の感激はひとしお深いものがありました。

録音当日は平日だったので、私は番組終了の4時過ぎに会社を出て今日の録音に関わる皆の差し入れを新地の中にある「ポワール」というお店にプティシュー（小さなシュークリームですが、ここのシュークリームはおいしいと評判です）を50個買いに行き、それを車に積んで千里丘のスタジオに向かいました。

スタジオでは、昼頃から曲の演奏録音にかかり、作曲の山村さんや作詞のノブリンは、早くから来てくれていました。私が着く頃には歌唱指導のバンバンも到着、シルクちゃんも体調が悪いと言いながらも頑張って来てくれました。歌唱担当の渡辺たかねちゃんはもちろん居ます。そして、バックコーラスには作詞や作曲とか言わずに、とりあえずこの曲の制作に関わった人は全員コーラス隊として参加ということになり、その当時の女性スタッフ、鈴木君と山本君、中村プロデューサー、スティールパン――これはカリブ海に浮かぶ島国のひとつ、トリニダード・トバゴという島国で作られている楽器というか、早く言えばドラム缶の上3分の1くらいを輪切りにし、ふたの部分を金づちで上手に叩きのばし中華鍋を上から見たような形に凹ましながら音を調整し作っていきます——の奏者で全国的にも有名な方で、この曲を作ってくれた山村誠一さん、シルク姉さん。そしてなんともうひとり、バンドで演奏をしてくれていて、今やギター奏者で実力人気ともに日本のトップミュージシャンである押尾コータローさんもコーラスに入ってくれていました。この時はまだ皆さんにあまり知られていなかった頃ですよ。こういうメンバーが集まって「飛べ飛べサザンアイランド」ができあがったのです。さりげなく有名な人が協力してくれているのがウチの番組の特徴でもあります。

と、ちょっと自慢をさせてもらいましたが、作詞のノブリンこと原田伸郎君は、まだ京都産業大学の学生で清水国明君と「あのねのね」というグループを結成したばかりの頃から知っています。それは、「MBSヤングタウン」土曜日の中の勝ち抜き選手権に出演したからで、まだ学生、素人なのに、1回目の出演から面白く、曲は「赤とんぼの唄」だったと思います。公開録音終了後に「絶対面白いから、今の路線を変えたらアカンで。普通の曲を演奏したら終わるよ。このまま行け！」とアドバイスをしたことを覚えています。こういうこともあって、私は幸せなことに、のちのち有名になる歌手や漫才師のタマゴ時代やプロになる前を、このヤンタンを通じて見せてもらっていました。

アリスもバンバンも高石ともやとザ・ナターシャー・セブンもジローズも五つの赤い風船もザ・フォーク・クルセダーズなど当時の若者に人気だったフォークグループやシンガーはほとんど全員が「MBSヤングタウン」に何度も出演し、アマチュアは勝ち抜き選手権で10週勝ち抜く間に顔見知りになり仲の良い仲間みたいになっていました。

この頃はフォークグループも歌手も、ステージをこなす時には必ず司会者がいました。私は学生の時にもクラブ活動で放送研究会のアナウンス部というところにおりまして、このアナウンス部から出向という形で早くから早稲田の音楽クラブの司会をしていました。出向先はナレオ・ハワイアンズ。このバンドは戦後から20年近く続いていたウクレレにスティールギターというハワイアンの形を脱却して新しいハワイアンの形態を模索していました。その頃ハワイでは、ドン・ホーとジ・アリースというグループが流星のごとく現れ、彼らが言うところのモダンハワイアンが異様な人気を集め、アメリカ本土のプレスリーかハワイのドン・ホーかという人気ぶりで、ドン・ホーのライブを観るために毎日2キロの行列を作ったと言われています。ナレオはこのドン・ホーの曲をカバーしてやっていこうというバンドに変身していきつつありました。その司会をやっていたのです。

当時はプロのバンドもたくさんありましたが、学生バンドも各大学にたくさんあり、そういう全国の大学バンドが競い合う「大学対抗バンド合戦」という人気番組もあり、大橋巨泉さんがメイン司会でやっていました。そこで優秀な成績をあげれば、学生バンドといえども、お客さんが入場料を払っても聴きに来てくれるというような良い時代でした。

そして、早稲田や慶応のバンドは夏休み、冬休みには合同で4バンドほどがツアーを組んで全国行脚をします。このおかげで、大学時代に全国の主要都市を演奏旅行で回りました。この演奏旅行が半端じゃなく、早稲田・慶応両大学の同窓会は全国にくまなくあり、大学生活の長期休みの間、各県庁所在地の稲門会が県民会館や公会堂で主催する演奏会はどこも満員でした。

一度旅に出ると約1カ月間、2日か3日に一度の演奏会と列車に乗っての移動の繰り返しで、早大のビッグバンド、ハイソサエティ・オーケストラやタンゴバンド

のオルケスタ・デ・タンゴワセダ、それにモダンジャズ　クワルテットなどのメンバーと仲良くなったり、慶応大学のバンドメンバーなどとも仲良くなったり、夏休み冬休みは実家に帰るのも1週間足らずという音楽漬けの毎日を過ごしました。

当時はこういう学生バンドの司会をしていると、バンド司会者として音楽関係者にも知られるようになり、ヤマハのフォークコンサートや各地の音楽会などのお呼びがかかるようになり、長期休暇の時期以外はステージでの司会の仕事が忙しくなりました。そういうこともあって、あのビリーバンバンが「白いブランコ」で大ヒットを飛ばした時の共立講堂でのコンサートの司会もしました。「こんちわコンちゃん」に初めてゲストに来てくれた時、かすかに覚えてくれていて嬉しかったのです。

内緒の話ですが、この頃の大卒新入社員の月給がたしか1万5～6000円だったと思いますが、私の学生時代の司会ギャラはなんと2万円でした。しかも、東京は催しの数が多いので、週に1～2回は必ずと言っていいほど司会の仕事があり、私は学生でありながら大企業の管理職くらいの収入がありました。ですから、毎日放送に入社して最初の給料をいただいた時、分かっていたはずなのに一瞬気持ちが暗～くなったことをよく覚えております。

それは別として、こういう学生生活を送っておりましたので、アナウンサーになっても関西で開かれるコンサートの司会をよくやっていました。前にも書いたようにその頃はフォークソングでもコンサートには必ず司会者がついていました。だから、ヤンタンばかりじゃなく番組を離れての催しやコンサートの司会を通じて、歌手やバンドの人達と触れ合いながらのお付き合いがたくさんありました。私は、楽器は何もできませんし、歌もヘタなのに、音楽関係の人達と妙に知り合いが多かったり仲が良かったりという幸せな生活をさせてもらっております。

長寿番組は宿場町

私は昔からラジオでもテレビでも番組の持つ不思議な力というものを感じていました。

例えばその番組を担当するタレントやアナウンサーがどんなに力のある人であっても、番組に力が備わっていなければすぐに終わってしまったり、打ち切りになってしまい長続きしません。たまたま力のまだ備わっていない出演者が力のある番組に出会うと、これがビックリするほど力のあるタレントに大化けしたり人気者に急成長する。長い間この世界でいろんな番組やタレントさんなどを見ていると、どうしてもそういう考えになってしまいます。そういう力のある番組に巡り会えるかどうかが出演者の運命なのでしょう。

私はタヒチから日本に帰ってくるにあたって、〝こんな番組をやってもらうから〟と言われた時にはそういうことはすっかり忘れていました。久しぶりの日本で、日本語で喋る仕事ができることの方が大きかったからなんでしょうね。そうして番組が始まって知らない間に、本当に知らない間という言葉がふさわしいくらい、あっという間に10年が経ってしまいました。

今改めて考えてみると「こんちわコンちゃんお昼ですょ！」、いや「こんちわコンちゃん2時ですょ！」で始まったこの番組は不思議な力を持っている番組です。

私は毎日放送アナウンサー時代にいろいろな番組をやらせていただきましたが、「コンちゃん」という言葉が入った番組をヤンタン時代に「こんばんはコンちゃんです」、その後しばらくして毎朝6時半からの「6時半です！おはようコンちゃん」というふうに、朝昼晩とやらせてもらっているのですが、朝と晩については2年ほどでいずれも終了しております。ですから私はこの「コンちゃん」というタイトルはあまり縁起の良いタイトルではないと思っておりました。

ところが今回は違ったようで、もう丸10年を超え11年も過ぎようとしています。こうなるとまんざら悪いタイトルでもなかったのではと思う今日この頃なのです。

こうして思いもかけず長寿番組に出会うと、いろんな方々との出会いも生まれてきます。

最初のひとりが初代プロデューサーの中村理ちゃん。〈オサム〉と読むのが正しいのですが誰一人として〈オサム〉ちゃんと呼ぶ人間はおりません。皆が皆、〈リー〉ちゃんと呼びます。

このリーちゃんは元営業部員で人柄のせいか、その親しみやすさからか、はたまた酔った時の勢いで見せる珍芸のせいか、かなりのやり手で通っていたということですが、東京の営業だったこともあり私は知りませんでした。この番組のスタートは彼の手によるもので、今に続く名物コーナー「吼えるコンちゃん」も彼の発案によるものと聞いております。その彼も、今は東京の営業に栄転し立派な部長さんになっておられると噂に聞いております。

しかし、忘れられないのは彼の奥さん。ハードロックをやっておられたとか。もっとビックリしたのはリーちゃんもハードロックファンで、それで知り合ったというのが一番のビックリでした。でもね、その奥さん、スタイルが抜群でシュッとしてはるのですが、この人がピーナッツしか食べない人なのですよ。朝ピーナッツ、昼ピーナッツ、晩ご飯にピーナッツ、三食ともピーナッツ。

この話をリーちゃんから聞いた時にはウソだと思いました。営業にしたらなかかなかのネタを上手に言うやないのと思ったのですが、これがホンマ！　では夕食は？と訊くと「私の夕食はちゃんと作ってくれますが、食べる時は向かいで嫁さんはマメ（ピーナッツ）をポリポリと食べてます」。こういう光景を想像できますか？　見かけでは全く普通というか普通以上に綺麗なシュッとした美人がマメしか食わんて……ねぇ。以来、私はこの奥さんのことを「マメ食い」と呼んでおりました。

このマメ食い姉さんと双璧をなすのがドンちゃんというアシスタントディレクター、通称ADさん。今はもう嫁に行ってお子さんも2人ということですから本名は内緒。日頃から明るくて尻軽く用事をしてくれるので、なんでも頼みやすい良いADでした。ところが仕事が終わってアルコールが入ると、ゴロリと性格が一変してまことに大胆な、オッサンのような人物になるのであります。

ラジオの各番組が集まる大宴会の夜、皆がドンに言いました。「今夜は飲むな！」。「分かった」と言ったはずなのに、「ちょっとだけ」で口をつけ、「もう一杯だけ」で止まらなくなり、「もうアカン！　今日は飲む」と、とめどなく飲んであっという間にベロンベロン。お風呂に行こうという時間になり建物の1階通路へ降りていくと、にわかに天井からボタボタと水が落ち始め瞬く間にジョボジョボに変わり、立ち止まってエエッと声を上げる頃には滝のようにドドッと(ここは本当に滝で有名な箕面でした)天井から水が流れ落ち、向こうへ行くどころでなくオロオロしていると、にこやかな顔をしたそのホテルのオッサンが「今日は突然ご覧のような状況になりましたので、お風呂のご使用は無理になりました。なお、お部屋の水回りもこの影響でご使用不可能ですが、お泊まりにはなれます」。これから風呂を浴びてさっぱりして最後にもうひと盛り上がりと思っていた皆は怒り心頭、今日はもう帰ろうということになって、三々五々浴衣から服に着替えて表に出、私は自分の車に乗って玄関の車廻しに差しかかると、異様な物体がボンネットにのしかかるではありませんか、それが「ドン」でした。

「帰るなぁ〜、どこへ行くんやぁ〜、こら近藤！　勝手に帰るなぁ〜」

バンッバンッバンッ(このバンは大の字になってボンネットにのしかかったドンが車のボンネットを平手で叩きまわす音です)、他の番組のADさんなど数人が両脇を抱え車から引き離し、私はようやくここをあとにしました。

もうひとつ、これも冬場の寒い頃にフグを安く食べさせてくれる店があるというので、番組終わりに皆で出かけていきました。たしかにそこは安くおいしいものを食べさせてくれました。で、帰ろうかという時にまたもやベロベロになったドンちゃんは、生きたフグを何十匹も泳がしている大きな水槽に、3〜4メートル離れたところから自分のスニーカーをエイッとばかりに投げ入れたのです。幸い広い店の奥まったところに靴を脱いでいたので店の人には気づかれませんでしたが、赤いスニーカーがゆらゆら揺れながらフグの間を降りていく様はちょっと見ることのできない光景でした。ドンは何事もなかったように片足だけのスニーカーで、御堂筋線緑地公園駅から遠く京阪枚方駅まで帰ったのでありました。

こうして書いていると番組の表側、つまり皆さんに聞いてもらっている放送の番組内容もさることながら、番組の裏の人達も面白い人が結構居るもんだなあと思ったりするのです。時々番組の中でも言いますが、「放送は放送にのらない、または放送できない時の方が面白い」ということがたくさんあります。でも、それは言わないのがルール。

ディレクターという仕事は番組の進行をスタジオで受け持ったり、番組の内容を出演者や制作陣と練ったり打ち合わせたりといろいろ忙しいのですが、でも番組をひとつだけ受け持つというのはまずないことで、2つや3つは普通に受け持つものです。ウチの番組を1曜日受け持っていたあるディレクターは面白い人でした。ウチの番組以外に有名なギタープレイヤーの音楽番組も担当することになり、いろいろな話の都合で「僕もギター習おうかな、でもどんなギターが良いのか分からないからお店の紹介ついでに連れて行ってもらって、このギターとかあのギターとか言って教えてもらえます？」と連れて行ってもらったのは、もちろんそういう人達が行くような良いお店。そこで一番安そうなものを手にしかかったら「そんな安いものを持ったらすぐに飽きるし、安いから止めても惜しくないと思うようになるから、すすめない。どうせなら、こんだけ使って買ったものだから絶対に止めへんぞ！もったいないやないか、と言うのを買わんと……。ホントにやる気あるの？」と言われて彼は一念発起、なんと100万円のギターをその場で決めて20回ローンで買ってしまいました。

しかしこれは言われたとおり。今ではそこそこと言われるまでに上達したギターの腕前で結婚式の二次会、宴会など、いろいろなところで役立っているそうです。

鳴り物で言うと珍しい鳴り物の人も居ましたね。太田《だでん》流の和太鼓の家元の子息、ちょっと浮世離れというか普通の人とは違うところのある人で、プライベートの生活を訊くとイタリアやフランスのリゾート地の名前が普通に出てくるし、自宅でのお付き合いに来る人、自分が訪ねていく人のほとんどがいわゆる有名人、茶道やお華の家元や、歌舞伎や浄瑠璃の跡取りの方々、華やかな世界の方とお付き合いのある人で、いずれは自分もこの道を継ぐために放送の世界を去ることになると思います、と言っていましたが、噂ではどうやら本当にその道に行くために新しい世界へ踏み出したようです。いつかきっとそう遠くない将来、彼の名前をどこかで見かけるようになるのでしょうか？　それとも我が番組にゲストとしてお迎えするようになるのでしょうか。皆さんもお楽しみに。

アッそれともうひとり、有名な和菓子の高砂堂の息子さんで「こんちわコンちゃんお昼ですょ！」のプロデューサーを担当してくれたAさんのことをお話ししておかなくてはいけません。彼の人柄を言うよりもお店の跡を継いでおられるお兄さんにまずお礼を言わなくてはいけないのです。それは年に2〜3回開かれる「コンちゃん杯」コンペにお願いしている紅白の饅頭、面倒なことをいつもお願いするのに快く応じていただき感謝しておりますが、これにはワケがあると思っているのです。

それはやはり何回目かのコンペの時だったと思います。最終ホールの2つほど手前、右90度のドッグレッグのコース、第一打のドライバーを、90度右に曲がる曲がり角の根っこのあたりに打ち込んだA君、私は曲がり角の根本のさらに先、丘になったところの中腹に打ちました。私が丘に登り自分のボールを確認した時に後ろから「いきますよ〜っ」と声がかかり曲がり角の先端あたりに向かって（体の向きから明らかにその方向に打ったのは分かるのですが）打ったボールは見事なスライスカーブを描き信じられないような角度に曲がり、私めがけてクニャリとコースを変え、本当に「ワザとちゃうか」というほど正確に、身を屈めて避けようとする私の頭部を襲ったのであります。

ゴンッという鈍い音とともに右のこめかみの上部に当たり、一瞬の目眩に襲われた私はその場にしゃがみ込みました。幸いにも被っていた帽子の内側の汗止め帯の上から当たったので、最初のショックだけで怪我もせずに済みましたが、人の良いA君は真っ青。「大丈夫ですか」「本当に大丈夫ですか」の連呼。本当に大丈夫だったのですが、これ以後でしょうか、お饅頭の値段がやや安くなったような気がします。A君当ててくれてありがとう。ってこういうことで良いのでしょうか？

声が出ない恐怖

私は小学生の頃から声が出ないような風邪を引いたり、声がしゃがれたりするようなことがほとんどありませんでした。つまり、喉の強い子であったわけです。

声が出なくなったのは声変わりの時だけでした。それは私が小学校5年生の修学旅行の時。西宮市立大社小学校のグラウンドからバスで伊勢に出発しました。途中はバス旅行の定番、次々と歌を歌ってマイクを回すというのが数時間続きました。その当時大流行していた、水原弘の「黒い花びら」という曲が大好きだった私は思いっきり低い声で、「くぅ〜ろ〜いい　はなびらぁ〜　静かぁ〜に散ったぁ……」と、順番が回ってくるのを待ちかねて歌ったものです。

ところがその日の夜、例によって枕投げ大会を終える頃、喉が急にガラガラし始め一夜明けた翌朝、驚いたことに声が出なくなっていました。全く出ないのです。

修学旅行は暗〜い旅行に変わってしまいました。2泊3日の旅もあまり記憶に残ることもなく、「このまま僕は声を失ってしまうに違いない」と思い込んだ私は背を丸め、肩を落として家に帰りました。黙って帰ってきた私を見て母がいろいろ訊こうとするのですが、何しろ声が出ない。もう涙ぐみ始めた私を見て母は笑い始め、段々と笑いのテンションが上がって大笑いに変わりました。なんという冷たい人だと思いかけた私に、

「あんたぁ、声変わりじゃ、声変わりの時は声が出んようになるんよ、心配ないの」

これが人生最初の無音時代。それ以降、声が枯れてかすれることはあっても、声が出なくなることは全くありませんでした。

ところが、「こんちわコンちゃん」をやり始めてなんとか7年目を迎え、私も60という還暦の年になりました。よく世間で言われておりますのは、還暦は男の大厄、人生の悪いことが集中してやってくるという話ですが、来ました！　私のところにも。この年の初めには心筋梗塞に襲われ一度死にかけました。

いつものように車で出かけ毎日放送の地下駐車場に車を止め、いつものように車を降り、地下2階のエレベーター乗り場へと向かい、9階のラジオフロアにあるス

タジオに上がるためエレベーターの上向きの矢印ボタンを押して、後ろに下がろうとした時、急に息苦しくなり吸うことも吐くことも上手くできず、自分の身に起こっていることなのに自分でコントロールできないことが不思議で「エッ、これはなんなの、なんで息ができへんの。なんで」という思いとともに、見えている風景、つまり地下2階のエレベーターホールのグレーのエレベーターの扉やアイボリーのコンクリートの壁、黒っぽい床タイル、白い蛍光灯の光が全部色褪せていき、段々と灰色に近くなって昔の白黒テレビが古くなった画面のような色に変わっていきます。それとともに足の力が抜け後ろの壁にもたれ、ずるずると下に滑って落ちていきます。

その間、頭の中をよぎったのは、「俺はこのまま死ぬんだろうな、死ぬっていうのはこういうことなんだ。暗くなって息が止まって……、でも苦しくなる前に息が止まった方が良いんだけれど……、それにしても格好悪いなぁ、エレベーターホールで死んでるのを見つけられるなんて……」と、お尻が床に着きそうになるくらいになった時（だと思うのですよ）、急に呼吸が戻ってきました。本当に楽になったという言葉がピッタリです。

周りも明るくなって息も楽になって、今までの暗〜い気持ちが、空一面に覆い被さっていた灰色の分厚い雲を吹き飛ばすように明るくなって「あぁ！　俺は生きている！」と実感できたのです。

生還しました。そのままエレベーターに乗って9階のラジオスタジオに行きました。マネージャーの山川君に「ちょっと悪いけれど背中を揉んでくれないか？」と首の下の左右の肩胛骨の間がカチカチになっているのを揉んでもらってから、そのまま普通の日のように放送を終えましたが、さすがに疲れが出たのかデスクに戻ってイスに腰掛けるとほとんど同時に頭を後ろの壁にもたせて眠りこけてしまいました。

気がつくともう夜の7時、病院はすでに閉まっています。この時もまだ私は自分の身に起こったことが普通ではないのは分かっていても病名までは分かりません。多分心臓発作の軽いものぐらいに思っておりました。

どこかで診察を受けておかないといけないのは分かっていても、もう閉まっているし、友人の花田先生ももう帰っているし、どこへ……と思案している時に思い当たりました。日頃から通っている南船場の前田鍼灸院！　早速院長の前田さんに電話をして経過と事情を話すと、「とりあえずいらっしゃい、とにかく診せてもらってからにしましょう」ということで鍼灸院に行くと、いろいろ症状を聞きながら体中のツボに針を打ってくれて、それこそハリネズミのようになると不思議に身体のどこかにあった、重いズ～ンとしたものが抜けていきました。前田先生様は、「近藤さん、とりあえずできることは全部しておきましたが、これで終わりではないですよ、まず心筋梗塞だと思いますが、明日は必ず病院に行って診察と検査を受けてくださいよ」

そう言われ、翌日花ちゃんの病院、尼崎の樋口胃腸病院に行き、レントゲン、CT、心電図、血液検査などできる検査を全部やってもらいました。

結果は、「コンちゃん、どの検査もすべて心筋梗塞というふうに出てますな。しかしね、深刻な梗塞なら、今ごろはここに居てませんわ。お通夜の用意をしてるところです。良かったねぇ、これから先は専門病院の専門の医者に診てもらってください」ということ。

今もまだその専門病院、厚生年金病院の循環器科の長谷川部長にお世話になっており定期的な検査と投薬を受けております。先生のお話ではたしかに心筋梗塞で左後ろの方に向かう血管が詰まって、途中で止まっている。ところがこの血管を通す

ために バルーンやステントを入れる方法がありますが、詰まったところに持って行く手前に血管が急カーブしているところがあってそういう治療ができません。

「何千人かにひとりの割合で、大きな血管が詰まっても別の毛細血管が働きだして、大きな血管が運んでいた栄養分をその毛細血管が代わりに運んでくれるようになる人がいる。こういうラッキーであなたは生きている、もしくは生かされているのですよ」

「そしたら先生、私は偶然で生きているんですか？」

「普通、心筋梗塞というのは心臓にいく血管が詰まって、そこから先に栄養が運ばれなくなって、栄養が来なくなった筋肉は次々と死んでいき、その結果として心臓の機能が果たせなくなって血液が送り出せなくなり、心臓自体も機能を停止してその人も亡くなるんです。近藤さんもそうなっていてもおかしくないということです。あなたは幸運で生きています」

「私は知らない間にいっぺん死んで、知らない間に生き返って、知らない間に新しく生き直しているということで……」

「ああ、そういうことですかね、しっかり生きないとね」

還暦の悪いこと第1弾はこれでした。そしてもうひとつ、心臓とは関わりなく毎年別の病院で受けていた健康診断でPET検査も受けていたのですが、喉のところに1・5センチほどの小さな肉腫、といっても良性のもので悪さはしないから様子を見ておきましょう、と診断されていたものが、「今回ちょっと大きくなりすぎているようですから、ひょっとして悪い方になるといけないので切っておきましょう」ということになり、そんなに深刻に考えもせず、「じゃあ切ってください」と答えて入院し手術も受けました。ところがこれが第2弾の大凶の始まり。

手術は無事終わって4センチほどにも成長した肉腫が取れ、その肉腫が大きくなりすぎていたので、すぐ後ろにある甲状腺を押しつぶして左の甲状腺の3分の1は機能停止してましたからこれも取っておきました。

「1週間もすれば帰れます」と言われていたのに、3日経っても4日経っても声が出ない。全然出ない。驚いて伺いを立てると、手術の時には必ず麻酔をかけますよね、この時も麻酔をかけて手術を受けましたが、その時の麻酔医がこの病院に常駐しているわけではなく、手術のたびに呼ばれるいわば世間でいうアルバイトのようなもので、ヘルプ専門の麻酔医グループのメンバーであったことが分かったのです。

今思い出せばこの時の麻酔担当女医が割と気性の荒そうなおばちゃん風の人で、説明がマニュアル的で、「ざっと説明しときますけどぉ」という雰囲気、お解りいただけますよね。

なんでこんなに執念深く言っているかというと、手術の時、まず最初に麻酔をかけます。その麻酔をかける時に麻酔ガスが肺にいくように管を喉に入れるのですが、これを挿管と言います。この管が口から肺にいく前にまず声帯を抜けなくてはいけません。ここは普段は左右からせり出したような2枚のヒダが気道を塞ぐようになっていて、喋る時にはこの間を空気が抜けヒダを震わせるので、その震えが音になり口や舌、唇の形で音の調節をして言葉に仕上げて喋っています。喋らない時は閉じております。ここにその麻酔の管を挿入する時、閉じているところを抜けるのに無理矢理行くのか、そおっと上手にクニュッと行くのかの違いがあるはずです。

この時、無理から声帯の間にグリグリッとねじ込むと声帯が傷つき腫れあがって震えなくなります。震えなければ音は出ない。この、単純だけれども重要な出来事が私の喉で起きました。

手術は無事に終わっても声が出なければ私は職場に復帰できません。毎日、院長がやってきて発声検査で「アー」と言わされるのですが、最初は空気だけが抜けてスカーッという音とも空気の流れだけの風音のようなもので2～3秒で終わり。1週間経っても5秒くらい、戻らない音声に焦りが出始めました。

ここは甲状腺や乳ガンなどの手術で有名な病院ではあっても音声は関係なしですから、私はこっそり抜け出して長堀通と堺筋の交差点よりやや西よりの牟田耳鼻咽喉科（ここの牟田院長は回生病院にある音声専門の、大阪ボイスセンターのセンター長もやっている人です）に行って、事情を話し診てもらいました。幸い先生は私のことをよくご存知でいろいろと丁寧に調べてくださり、

「近藤さん、声が戻らないということはありません。安心してください。ただ、いつ戻るかというとちょっと問題がありましてね。2～3週間というのから、今までの記録でいうと11カ月と何日かというのまであって、あなたがいつ音声を取り戻すかは分かりません。まだ手術を受けてから10日ほどですのでなんとも言えません。でも悪くても年内には戻りますから大丈夫」

「ちょ、ちょっと先生、私は喋る仕事ですよ。そんな、今まだ4月ですよ。年内と言えば半年もあるでしょ、そんなに長い間喋れなかったら職を失いますよ」

「ふーん、放送の仕事ってそんなに厳しいのですか？　たいへんですね～。でもね、腫れを早く引かせるといっても薬では限界があってね、あとはその人の体力や回復力によるとしか言えないもんでね、頑張ってください」

私は頑張りました。病室で朝から「ァ～」の繰り返し、どうやったら声が出るのか、首の角度を変えたり、低い声や高い声なら出るかといろいろ工夫をしたり、毎日修行のような日々を過ごしました。

ここまでやってきて、声が出なくなって仕事を失って……と考えると切なくて涙が出そうな日々でもありました。それが3週間目に入る頃、少しずつ声が戻り始めました。ウレシカッタ！　「ァ～」の時間も少しずつのびて20秒を超えるようにもなりました。

そりゃあね、音色はおかしかったですよ、ドナルドダックの親戚みたいな声でね、変でした。変でもなんでもアンタ、声が出んかったら私じゃありません。3週間目の終わり、私は退院致しました。退院はしてもさらに1週間声の再生に努め、1カ月ぶりに放送復帰した時は心からの喜びに満たされていました。

内緒ですけど、その時の録音を聞くと音がかすれて、音色はドナルド風、よくもまあ恥ずかしげも無くやったなあと反省をしておりますが、それよりも辛いことは皆さんには分かってもらえないと思いますが、カラオケで高い音が出ないので今まで歌えていた曲が歌えなくなったことです。ほとんどの曲を三音下げないと歌えなくなりました。つらい！　イケてたのに……。

でも良いことも。今までそんなこと言われたこともないのに、新地のお姉さんから「コンちゃんて普段の話し声は低音やん、ええ感じよ」と言われるようになっております。まぁ何事も悪いことばっかりではないということで、こんなことでもないと、なんのためにあんな不安な日々を過ごしたのか、辛かったよお～！

ウソやと思うなら、１日全く喋らないで過ごしてごらん、それがどんなに辛いか。くれぐれも喉は大切にしてくださいよ。

さて皆さん（浜村節で読んでください）、還暦は人としての歴史が繰り返され、この年からまた新しい人生が巡り始めると申します。お読みのとおり私は60にして一度死にかけ、生き直しを始め、人生の生活費の稼ぎ元、声を失いかけそれも取り戻し、60にして本当に新しく生き直し始めたのです。還暦って本当に人生やり直しなんですよ！　あだやおろそかに過ごしてはあきません！　過ぎた人はもうしょうがないけど、これからの人は覚悟して臨みなはれや！　私は済みました。還暦バンザイ！　セーフ！

「銀瓶人語」はどんな人が書いているのだろう

私もこの本の原稿を書くようになって、原稿を書く辛さというものをつくづく思い知りました。よく本書きの巨匠と言われる方々が煙草を片手に浴衣や着物姿でペンを握っていたり、頭をかきむしっているような写真を白黒で撮っているのを見たりしますが、不思議に白黒が多いのはなんでじゃ？　というのは、そうか昔はペン書きだったけど、今は手書きで４００字詰め原稿用紙に一文字ずつ書く人はもう居ないのですね。でもあの人達も産みの苦しみ、ものを書く辛さに喘いでいたのですよね。あの方々のような大作や難しいことを書くつもりはこっから先もありません。

しかし私の周りにいる人達の中で誰か……と考えてみれば、笑福亭銀瓶《ぎんぺい》師匠がおられるではありませんか。あのコーナーはたしか２００５年の春から「銀瓶人語」という名前でやっているはず。しかもその原稿が溜まりに溜まって遂にそれが本になり、あまつさえそれが続編どころか「売れている」という噂が、銀瓶の若手に飯をおごったり、自分の落語会に前座として呼んだ時に、愚痴のような、悩みのような、独り言とも取れるような、沈んだ低い声でのつぶやきなどが功を奏し、落語家仲間から落語会に来る人へ、来た人から何も知らない本好きの人へ、本好きの人から落語は聞かないけれど本は読むという人へ、そこの家族で若い子供達の目に留まり、瓶という字をテレビの笑福亭鶴瓶の「家族に乾杯」か「Ａスタ」でしか見たことのない子供達がひょっとしたらあの有名な鶴瓶さんが何かに絡んで銀瓶という筆名で書いているかも知れないという誤解などもあって妙に売れて、続々編も出るというではありませんか！

そこで悔しいから「私も本を出す」というような本絡みの話を出さずに、「銀ちゃん、毎週毎週あの『銀瓶人語』というのを書くのは大変ちゃうか？」と訊くと、「そらもう辛いでっせ！　今ラジオ大阪で月曜から金曜までレギュラーやってるしね、朝早いし眠いししんどいところに持ってきて、毎週書く原稿が重荷でねぇ、大変ですよ！　ラジオをやって、落語会をやって、ジムにも行って身体に気を使い、その上での執筆ですからねぇ……。コンちゃんは止めときなはれや、無理でっせ」という。やっぱり大変なんやと思って、「へぇ～そんな中で頑張って時間を作って大変やなぁ、で、週に何枚ぐらい書いてるの」と訊くと、「何枚っていうより字数です。1200字くらいですからなかなか書けまへんわ」。

ということは400字詰め原稿用紙で3枚。私はこの本を書くにあたって、どれくらいのノルマやと思われます？　1項目について400字詰め原稿用紙で最低10枚、それも毎週10枚4000字がノルマ、向こうはレギュラーといっても「笑福亭銀瓶の銀ぎんワイド」（ラジオ大阪）は午前7時から9時までの2時間、こっちは午後12時半から4時までのみっちり3時間半、しかし7年間にわたって、週1回とはいえ続いている。こちらはしんどいけど本1冊分を書き上げるまでの一時期だけじゃあないか、あっちは今でも週に1回は書いてきているじゃあないの、そりゃあ芦原橋事件などのように（万一ご記憶にないとか、忘れたとかいう方のために簡単にお話ししますと、2011年1月の十日戎のある日、ご存知のようにえべっさんは宵えびす、本えびす、残り福の3日間あり、いつのことかは定かでありません。その日、彼は誰かと今宮戎にお参りしたらしいのです。無事にお参りを済ませた帰り道、時代劇を見ていても、だいたい事件が起こるのはこういうお参りを済ませたあとなのですがこの時もそうでした。どういうわけか今宮戎神社から歩いて数分、初めてお参りに来た人でもまず、迷ったり、どこにいるのか分からなくなったりはしない、本当にわかりやすいところに駅があります。神社の前の広い広い道を歩いて南海の新今宮駅まで452メートル、JR環状線新今宮駅まで591メートル、地下鉄御堂筋線大国町駅までで316メートル。その大国町駅を越えてさらに西へ、左手に大きな浪速運動広場を見ながら歩き続けてしばらく行くとようやく芦原橋駅が見えてくる。戎さんから1・2キロ、これだけ歩かないとたどり着かない芦原橋駅に、途中大国町駅も知らんふりをして通り過ぎてやっと着くはずの芦原橋駅に、「道を間違えて行った」というのですが、天網恢々疎にして漏らさず。芦原橋駅で子供さんからサインをねだられ、それに応じた銀瓶様はその家族と同じように環状線に乗り、同じ弁天町駅で降りたらしいのです。銀瓶師匠と連れのお方のお2人が向かう先は、弁天町ツインタワーの中にある放送局の方角、サインをしてもらった家族連れの方々は気になる銀瓶さんをじっと見送っておられたのでしょう。そうすると不思議なことに今まで寄り添っていたお2人の距離が建物に近づくに連れて徐々に離れて行くのです。大人は分かっても子供さんにはなかなか理解のできない光景が展開されたのであります。しかも、この顚末を詳しく書いて翌々日の金曜日にメールをしてくださり、この日の「銀瓶人語」は、戎さんにはどなたと行ったのか、なぜ間違いようもない道を間違えたのか、途中休憩場所に困らない道を本当に休憩しないで通り過ぎたのか？　なぜ放送局に近づくに従って2人は離れていったのか？など疑問の山にあふれ、番組は大いに盛り上がったという事件があったのです。これが世に言う「銀瓶人語」芦原橋事件のザッとした顚末であります）、自分のミスを思わずさらけ出してあとで窮地に陥るということもしばしばあります。

それだけではありません、書いていたら段々と思い出してきました。「こんちわコンちゃん」という私の番組を見事に利用して、焼き肉の「ハマン」をはじめとする馴染みの店の名前を、あちらの店こちらの店と挙げることによって、自分の普段の生活を豊かにしようという魂胆が丸見えの時があります。今年に入ってからは、自分が毎週のように食べる好物のキムチを有利に手に入れようと銀瓶の家の近くにあるキムチの漬物屋さんの名前を連呼、どうやらその作戦は成功し、いつ行っても親切にしてもらい、ときにはキムチ以外のものをオマケに付けてもらったり、目方を余分に増やしてもらったり……。「こんちわコンちゃん」は考えてみれば彼の生活にずいぶんと役に立っているのであります。

その昔、彼の息子、龍馬君がまだ小学校の4年生だった頃、番組に出てもらったことがあります。しっかりしていてコメントの一言一言がはっきりとしていて「この子は頭のええ子やなぁ」と感心したことがある。その子がもう高校生、よその子が大きくなるのは早いというけれど本当にそう思います。どうかこの頭のええ子が、自分を生産した片方の人物の影響を知らず知らずのうちに受け、変な人にならないように祈るばかりなのです。

あの頃は焼き肉「ハマン」の近くの賃貸マンションに住んでいましたが、今は一戸建ての新築一軒家に転居して、あのNHKの大河ドラマ「新選組！」に出演して一躍有名になった桂吉弥の家には負けるものの、ローンがたくさん残る書斎付きの自宅で悠々と暮らしている。そしてとうとう私に先駆けて本まで出したのです。

この『銀瓶人語』という本を読んでいただければすぐにお分かりになるのですが、『銀瓶人語』の中には当然のように私の名前がちょくちょく出てきます。そのよく出てくる「コンちゃん」は必ずと言ってよいほど、エラそうに上から目線でしかモノを言わないイヤな奴になっています。そのコンちゃんを、銀瓶はまるで鞍馬天狗（この名前を知らない人が多いんですよね、だから）月光仮面（これも知らん?・）、では、暴れん坊将軍かスパイダーマン、ええいもう、黄門様＝水戸光圀にでもなったかのようにぶった切ッたり、深々と土下座させるのである。銀瓶！　そらアンタはええわい！　気持ちも良かろう！

私のこの本のどこかでも書いたと思いますが、銀瓶を22年ぶりの釣りに連れて行ってやっているのに、船酔いで辛くて午前中に釣ったアジだけでよいのに、コンちゃんは大物釣りまで試みてちっとも釣れず、銀瓶のビギナーズラックで釣れた鯛のことは自慢げに書いてはいても、私は情けなく船の上で叫ぶだけの坊主（釣れない釣り人のことを、釣れる気もないの気を、髪の毛の毛も無いに掛けて魚が1匹も釣れない時にこう言うのです）とさげすみ、宮津までの行きも帰りも私に運転させておいて、途中は眠りこけ高速に入るやいなや眠っておいて、舞鶴自動車道からもうすぐ中国縦貫道に合流するというところで目を覚まし、「早いでんなぁ、もう中国道や」と言ったその厚かましさはこっから先にも出さず。

自分でも『銀瓶人語』の「悪気のない一言」という項目の中で、「言葉は凶器だ」という言葉があり「喋ることを生業としている自分も気をつけてはいるのだが、つい感情的になり棘のある言葉を吐き出してしまうこともある」と言っておきながら、「まあ、コンちゃんと比べると可愛いものだと思うのだが」という言葉を繋いでいる。

皆さん、良かったらこの『銀瓶人語』（西日本出版社から本体・1300円で発売中）を買って、中身はほどほどにしてでも「あとがき」を読んでみてください。私がどれほど銀瓶を誉めているか、どれほど素直に羨ましがっているか、また銀瓶の成功をどれほど願っているか、涙無くして読めないほど感動にあふれた応援を送っているるか！

どうも最近は『銀瓶人語』の評判が意外に良くて第3巻まで出たとか。1巻あたり100話平均で出ているとしてもラジオの「銀瓶人語」はもう7年続いている。1年に50週分書いたとしても350話はある、3巻出しても300話そこそこ、残りは50。アカン！　このまま行ったら4巻は十分に出る余裕はある。

こんなところでひがんだり、羨ましがったりしている場合やない。私は私の道を行き、どんなに言われようともこの憎まれキャラを変えることなく、リスナーの皆さんに愛され、銀瓶に負けないぐらいあちこちで「コンちゃん」と声をかけてもらい、「これ好きでしょう?」というコメントとともに、今は銀瓶に勝っている時々の差し入れを優勝カップのように手にして笑ってやる。かかっておいで! 銀瓶よ、団塊の世代代表、「コンちゃん」こと「近藤光史」まだまだ負けはせんぞ!

金環食、ついでにインカ

西暦2012年(平成24年)5月21日月曜日、午前7時28分頃から31分にかけて、大阪市内で雲の合間から金環食が観測されました。大阪市内で金環食が見られるのは1730年以来で282年ぶりとのこと。私も毎日自分の名前のついた帯番組を昼の12時半から夕方4時までやっている以上見逃すわけにはいかないし、もしこの機会を逃すと次に大阪市内でこのような金環食を見ることができるのは300年後、つまり西暦2312年になるとか……、今この機会を逃せば300年後の誰か分からんパーソナリティにそのチャンスを譲ることになる。それは私のプライドが許さない。この金環食のことを放送で話さないわけにはいかない。というジャーナリストのかけら魂がうずき、実は当日を迎える前にマネージャーの山川君と大阪市立科学館に出かけて事前取材までしてでしておりました。

この科学館には人気の高い最新型のプラネタリウムが備えられており、間もなく来るべき金環食に備えて「神秘の太陽、金環日食」という番組の投影もやっていて、そのプラネタリウムの入り口横の広い場所では、毎日何回かにわたって「金環食とは」という説明を科学館の若いお姉さんがしてくれています。ここではパイプ椅子まで用意してくれて2〜40人が話を聞けます。模型や図面を使って小学生にもわかりやすく……といっても小学生以上で、付き添いのお母さん以外で、男で、ここにいるのは私とマネージャーの山川君の2人だけ、少し恥ずかしいので一番後ろの列で、できるだけ身体を細め、目立たないようにするという我慢ができれば、「金環食とは」とか、周りの事象などがよく分かって大変勉強になる30分です。

ここで教えてもらったことで一番印象に残ったことは、「月と太陽を比べると太陽は月の約４００倍の大きさだけど、地球からの距離は太陽の方が４００倍遠いので、偶然だけど地球から見た大きさは太陽と月は同じ大きさに見える」ということ。偶然にしろ宇宙の神秘ではないですか。小さな月と大きな太陽が同じ大きさだなんて！

では、地上から見て、月と太陽の見かけの大きさは身近なもので言うとどれくらいの大きさでしょうか？（これを質問で言うと、皆さんの答えが面白いですよ、いろいろなものの名前が飛び出してきます。ソフトボール、ドッジボール、バレーボール、ゴルフボール、ピンポン球、パチンコ玉等々）。この答えには私もビックリしました。正解はなんと五円玉の真ん中に空いている穴、あれと同じ大きさなんだそうです。そして、「金環食の時に皆さんがよくやる間違いを言いますからね。黒いものならなんでも良いと思って、サングラス、下敷き、煤をつけたガラスなどで太陽を見る人が居ますが、これは絶対にしてはいけませんよ」という注意を聞いて、あれ？　と思ったのです。

あれはたしか小学校の頃、ガラス片にロウソクの煤をつけ、それをかざして太陽を眺めた記憶があるのです。それも小学校の校庭で先生といっしょに……。多分、団塊の世代と言われる方々は同じような記憶があると思うのですが？

これはあとで調べて分かりましたが、1958年4月19日、関西では午後1時頃から2時50分頃にかけてたしかに日食が見られたという記録がありました、やっぱりあったのです。でもあの時はここに書いたように、煤ガラスや黒い下敷きで眺めたと思うのです。あれはいけないことだったのか？　でもあの時代に他に何かあったかというと、無いでしょう？　日食グラスなんて売ってなかったですもんね、今は2〜3分続けて見たら観測を休んで目を休めながら続けてください、というのが主流です。あの頃はそんな注意なんて聞いた記憶がありません。今はね、こういうところのお姉さんまでが親切に、目が疲れた（目が重いとか目を開けているのが辛い）と思ったらすぐに観察を止めましょうと言ってくれる、しかもそこまで言ってくれているのに翌日や翌々日に眼科に異常を訴えて診察を受けに行く人がたくさん居るというのはどういうこっちゃ！

それはそれとして、各種注意を受けたあと入場券を買えた人だけ（これがまた情報時代というのか、金環食や日食という言葉がテレビや新聞に載りだした頃から、急にプラネタリウムを見に来るお客さんが増え始め、5月の連休あたりからは毎日数回の投影が満席になり、私達が行った、金環食の数日前は朝から最終までの投影時間は開館間もなく完売になり、やむを得ず延長で投影回数を増やしてさばかざるを得ない状況が続いていたのです）がプラネタリウム館に入館して見られるということで、今日も延長の臨時投影時間がありますからその時に入ってくださいとご指示をいただき最終回が終わって延長回の時に入らせてもらいました。

それまでの時間に1階のショップで日食メガネ350円、700円、1300円を各種取り揃えて購入。小一時間の待ち時間のあといよいよ入館。昔、小学校の社会見学で靱公園の横にあった科学館のプラネタリウムに入って以来のプラネタリウム。

入ってビックリ、スクリーンが違う！　私の記憶にあるプラネタリウムのスクリーンは座席から上、天文台の丸屋根のようになっているスクリーンでしたが、ここは円形ではあってもステージのようになった前面の床から丸天井に続き頭の後ろへと続いていく。そして私の頭の中では当たり前のようにど真ん中にデーンと据えられているはずの鉄アレイのような形の投射器、それが無い！　斜め後ろのどこからかビヤーッと映像が跳んでくる、客席も円形ではあってもかなりの急角度で段々に設えられている。そして何よりも音が違う、客席全体をフワーッと包むように低音から高音まで心地良く広がる。

ここで隣を見ると私のマネージャーの山川君が自分の体格が大きいのを気にして（スリーサイズ、ウエスト120センチ、バスト120センチ、ヒップ120センチ、体重120キロ、身長180センチ）、いつも後ろの人に迷惑を掛けないようにと座席にめり込むようにゴソゴソと小さくなろうとするのですが、今日もしているから「お前、この急な階段状態でどうやって迷惑を掛けることができるんや、どうやっても後ろの方がお前より高いやろう」と声をかけて初めて、ここは劇場や映画館と席の並びの様子が違うんだと気がついたようでホッとした様子で気を抜くと本当にブクッと膨らみます。

場内が暗くなるといよいよ上映開始！　段々と薄暗くなっていくと同時にスクリーンには星空のようなものが浮かび「さあ皆さんこれが今日の大阪の星空です。これから上空のモヤや汚れを取った本当の星空に案内しましょう。ではハイと言うまでしばらく目を閉じてください」という案内があって上空の星数が急速に増えて「満天の星空」というにふさわしい輝きが頭上を覆い始めるのを見て、うれしがりの私は「この変化を知らんとアカンわ」と思いながら皆が目を開けようとする寸前に目を閉じて「ハイ、目を開けてください」という案内の声と同時に場内が「ワオ～ッ」という声で包まれるのを聞きながら深い闇の中に舞い降りて行ったのであります。

次に気がついた時には隣の山川もイビキをかき、2人揃ってとはなんと情けないと思って山川の肘をつつき、イビキが止まったのを確認して、その安心から再び、イヤ3度、ウン？　4度？　もう分からんけど、とにかく久しぶりのような心地良い眠りを金環食の解説とともに体験しました。

こういう貴重な体験を積み重ね、世紀の金環食を体験するべく運命の日、5月21日、午前6時には目覚まし時計で起床し、顔を洗ってシャワーで身を清め、金環食を迎えたのであります。

曇りという天気予報のとおり曇り空の中、段々と食が始まり、6時半には多かった雲が少なくなり始め、7時にはデブの三日月のような格好になった太

陽になんとなく親しみを感じながら、昔の人達はこういう現象を見て恐れおののいたのだろうと思うと、不思議に今年になって体験した「インカ帝国展マチュピチュ『発見』100年」が頭に浮かんできました。

この、インカ帝国とマチュピチュ遺跡展は東京の上野公園にある国立科学博物館に行ってきました。雨の中、傘を持たずに行った私がバカでした。ずぶ濡れになって並んで20分、でも行って良かった。インカ帝国の遺跡で有名なマチュピチュ遺跡、これがわずか100年前に発見されたというとエッとなりません？　でもアメリカの考古学者によって発見されたのが1911年なんです。この展覧会で知ったことはインカの人々はわずかなスペインの軍隊に滅ぼされたということ。数万のインカの軍隊がスペインの168人の兵士と一基の大砲、27頭の馬によって滅ぼされたのです。

しかもアタワルパという最後の王は、スペインの宣教師が話す言葉がよく分からずというより通訳に入った人が通訳のできない通訳で、意味がよく分からないことを言うので、質問を繰り返していたら、いらだったスペイン人が王の幽閉を決め、幽閉されたアタワルパは、閉じこめられた大広間を金と銀で埋めたら解放してやると半分冗談のように言った言葉を真に受け、本当に同じ分量の金銀を出してきたので余計スペイン人が貪欲になり、結局解放されることなく命まで取られたというのです。

当時のインカの人々は、どうしてスペイン人はいつもいつも金を出せ銀を出せというのかあまり理解できず、きっとこの人達は金が食糧なのだろうと思ったという話があります。そうして金を出してやったのに、その金を集めて出しなさいと命令したその人に命が奪われる。なんと哀れな話ではありませんか？　そしてインカ文明は文字がなかったので結び目で数字を十進法で伝える紐文字で情報を王に届けていたと言われ、それを駅伝のように走って紐をリレーし届けるための道と宿場が帝国中に張り巡らされていたと伝えられ、調査が進むたびに新たな道が見つかったりするので考古学者や探検家に注目されていました。そんな中、道探しのアメリカ人探検家ハイラム・ビンガムが、その道の先、山の上に巨大な遺跡が残されているのを見つけたのが1911年7月24日でした。

また、確実ではありませんがビンガムが遺跡のある山を尋ねたら地元民は今彼が立っているところの山の名前を聞かれたと思って「マチュピチュ」と答え、それがこの遺跡の名前になってしまったとも伝えられています。

インカは最後の王にしても、世界的な遺跡についても、言葉の問題がつきまとっている不幸な国であります。

なぜ私は金環食の話をしていたはずなのにインカの悲劇を語っているのでありましょうか？

あっ、ごめんなさい私の中ではよく繋がっていました。インカは太陽神を祭る国で太陽とのつながりを大切にしていた国でした。彼らは金環食のような出来事をどう捉えたのでしょう？　恐怖の面持ちで眺めていたのでしょうか？　それともよく分かっていることとして捉えていたのでしょうか？　そしてその時、太陽を見るのに何を持って観測したのでしょう？　煤をつけたガラスはあったのでしょうか？

第5章

短いですが、書き残しときたい犬と私の話

犬と私

犬はお好きですか？　私はいつの頃からか猫が苦手です。それもただの苦手ではなく怖いのです。いろいろ考えました。なんで私は猫が怖いのか？

普通に怖いのではなく、猫が近辺に現れると全身の皮膚にブツブツと鳥肌が立つような感覚と、さむ〜い感じが広がり、体の芯から細かい震えが湧き上がってくるのです。こんな経験ないですか？

他に例えれば、そうですねぇ、私が若い頃、と言っても毎日放送に入って2年目か3年目の頃でした。お昼2時から奥様向けの「スタジオ2時」という番組をやっていた頃、詳しいことは忘れましたが健康と美容の両面で素晴らしい効用があるということで、蛇料理の取材に名古屋へロケに出かけました。今でも忘れません。金山体育館というところのすぐ前にハブのフルコース料理を出す店があるというので出かけたのですが、本当にフルコースでした！

ハブの心臓を浮かべた赤ワインの食前酒。ハブの生の細かい切り身と野菜を混ぜ合わせたサラダ、刺身、照り焼き、骨の炙りもの、蒸し身と野菜の炊いたものとの盛り合わせ、ハブのタマゴと肉の混ぜ合わせ等々、今までの人生で口にしたことのないような料理の数々、帰りの新幹線で目眩がするほどの血流を感じたものです。

そして2日後の本番の日、私はてっきり蛇料理がスタジオに並べられ、各料理の味や食べた感じを報告するものと思っていたのに、スタジオには、横2メートル×縦1メートル×深さ1・5メートルほどのプラスティック製の透明なフタなしのボックスが用意され、なんという名前かは知りませんがその中の下の方50センチくらいはびっしりと蛇が積み重なってうねっており、その中に水着を履かされた私が入るという設定だと聞かされ、気を失いそうになりました。

まずは、と言うやいなや取り敢えず森乃福郎さんというメイン司会を務める落語家の方が私を抱きかかえるようにしてその蛇水槽に入れようとするのですが、見た目にもはっきりと分かるような赤いブツブツが全身に浮き出て、根性なしの近藤はアカンと言われてスタジオの片隅に追いやられたのです。

それからの10日間ほどは「へび」という単語を聞いたり口にするたびに、瞬く間に赤斑が浮き出て薬や注射で押さえたものです。

長くなりましたが、その時の赤い斑点が出る寸前のさぶ〜い感覚、これが「猫様」が近辺に現れると体中によみがえるのです。

具体例をひとつ、この時も入社して間もなく当時のアナウンサー室の副部長・高村昭さんのお宅に同期の野村、平松両君とともにお招きいただき、初めての上司のお宅ということもあって3人ともコチコチに緊張して応接室の長いソファーに並んで座って、お茶を出していただくのを待っておりました。その時、ソファーの下から何やら毛だらけのフニャ〜としたものが現れたかと思うと、私の両足の間をスルリと抜けて、向かいのテーブルの陰に消えて行きましたが、紛う方なきグレーの毛色をした「猫」でした。気を失いそうになった私を見て、事情を知っている2人はニヤリとしておりました。

なぜこんなふうなのか。思うにまだ私が幼かった頃、あれは多分小学校にあがってすぐの頃です。夏休みで母の田舎、岡山のおばあちゃんのところに行っていた時、おじいちゃんが映画を見に連れて行ってくれました。その映画が（正確な題名など覚えてもおりません）化け猫の映画で、それはそれは恐ろしかったことだけが記憶に刻まれ、それ以来「猫」嫌いになったような気がします。だって、手元に残っている、それこそ3歳頃の写真の私は猫と一緒ににこやかに笑って写っておりますから……。本当の幼少の頃は猫が嫌いというか好きだったらしいということが物的証拠を持って証明されております。でも、原因や理由をいくら探してみても詮無いことです。嫌いなものを無くすということは我々凡人には無理なことです。というような深い考察もなく、私は自然に犬が好きになったのでしょう。

小学校に入った頃ウチにはラッキーというやや毛の長い明るい茶色の犬がいました。賢くやさしい雑種の犬で、遊び友達でした。間もなくローリーというスピッツの雌がやってきました。この子は母が近くの公団住宅に住む方の雄のスピッツとお見合いをさせ、真っ白な可愛いスピッツの赤ちゃんが、たしか5匹生まれました。犬の赤ちゃんがどうやって生まれて、母犬がどう処理をして、どんなに舐め回して育て始めるのかよ～く分かりました。その赤ちゃんが可愛くて可愛くて、小さなシロクマのぬいぐるみが動いているようで、毎日学校から飛ぶようにして帰ってきてこの子達と遊んだものです。

でも、3カ月くらいすると皆どこかにもらわれていきました、これが母親の小遣い稼ぎだったということは、ずっとあとで知りました。母は今で言うところの「ブリーダー」をアルバイトでやっていたのです。

子犬が貰われていってしばらくしたある日、朝起きるとラッキーが亡くなっていました。なんか可哀相で可哀相で声を上げて泣きました。

朝のうちに埋めてやろうという父について、木製の大きいミカン箱に藁を敷きラッキーを寝かせ、自転車の荷台に乗せて広田神社に行く途中の小山でいつもの散歩道が見える場所に運んで、父と2人、一生懸命穴を掘って入れてやりました。人生で最初の弔いは友達のラッキーでした。線香を立て近くに咲いている花を生けてやりました。最初から最後まで父は何も言いませんでした。

その夜、父は一緒に風呂に入ろうと言い、湯に浸かりながら戦争体験を話してくれました。自分は22歳で大尉となり若くして部隊を率いて戦ったこと、その中で中支(中国の中部の意)の重慶近辺で厳しい戦いになりたくさんの部下を失い、先頭に立っていた自分も敵の投げた手榴弾で喉をやられもう少しで声を失いそうだったこと。重傷だったので内地の病院に送り返され、傷が癒え福山の連帯副官を務めている時に終戦になったこと。負傷した戦地の丘は部下が奮起して勝ち取り「近藤高地」

と名づけたことなどを話してくれ、おしまいに「その戦いの時にな、部下をたくさん死なせてしもうた。その部下はあとで皆で弔ってやったんだが、今日のような丘の中腹でな、あの時の記憶がよみがえったんじゃ、悲しゅうてなぁ……」。親父の弱音を初めて聞いた瞬間でした。

軍人上がりで厳しくて、言葉遣いの間違い、挨拶が遅かったりお辞儀の角度が浅かったりすると「きさまぁ〜っ！」と、言うやいなやビンタが頬に飛んできました。そんな厳しい面ばかりが強く見えていた父の本音が、小さかった私にも突き刺さりました。男らしかった。

ラッキーのあとは父がどなたかから譲ってもらってきた「ドル」というシェパード。6カ月を超えてやってきたのでもう結構大きくてビックリしました。子犬と言うからそのつもりだったのに、来た時にはラッキーの3分の2くらいはありました。でも、このドルでシェパードの賢さを教えてもらいました。

思えばこの頃は犬の病気予防と言えば狂犬病の注射一本槍で、フィラリアという回虫の予防などは全くと言っていいほどありません。だからその頃の犬の寿命は7年ぐらいと言われて、それまでにフィラリアで命を落とすことがよくありました。ドルも早い時期にフィラリアに冒され5年ほどで亡くなってしまいました。ドルも最後の頃は空咳が多くなり元気がなくなり本当に可哀相でした。

もう別れが辛いから犬を飼うのは止めようかと思いましたが、嘆き悲しむ孫のことを聞きつけた岡山の母方のおじいちゃんがどこをどうして話をつけたのか分かりませんでしたが、ある日、立派なシェパードと一緒に現れ、

「みっちゃん、こりゃあなぁええ犬じゃゾ！ その辺に居るようなへっぽこじゃぁねえんじゃ、九州一と言われる名犬を連れてきた。これぇに（こんなに）立派な表彰状も持っとるしな」

といって九州地区大会で優勝した表彰状を持ってきてくれました。男前でシュッとしたシェパードでした。警察犬の訓練を受け資格も取っていました。これは本当に賢い犬で飼い主は親父、倅の私が二番手で、早朝6時に家を出て夜遅くなる親父には尊敬を持って接するけど、私は友達付き合いの仲間、という扱われ方を犬にされました。

正式名は「アレス・フォン・ノルデン・キュウシュウ・シュタルト」。これがどうやらドイツ語だというのが分かり、ドイツ語の辞書を買ってきて長い長い時間をか

けて翻訳に励み「軍神アレス・北九州の星」というところまでなんとか解明。この時の経験が後に大学でドイツ語を取るということに繋がりました。

このアレスとは信じられないと思いますが、話ができました。ちょっと小馬鹿にはされておりましたが、投げたボールは必ずどんなところに転がっていっても見つけて持ってきます。これはなぜ自慢げに言うかと言えば、犬が一番嫌いな水中に、ボールが転がり落ちて半分以上顔が水の中に入っても、絶対にボールを口にくわえて帰ってきます。犬のことを知っている方には分かっていただけると思いますが、これはスゴいことなんですよ！　散歩に行けない時には、「行ってきて」と言うと本当に自分で散歩コースを回ってきます（こっそりあとを付けてみたから間違いありません）。散歩に行っている途中で何気なく遠くに見える自転車に乗った人を「アレは、お父さんと違うかな」と言うと、その場で伏せの姿勢になってじっと待機し、その人影がお父さんでないと分かるまで絶対に動きません。忠誠心の高い、こちらの気持ちの変化までを察して接してくれ、悲しい時には寄り添って、喜んでいる時には一緒に喜んでくれる名犬でした。

アレスを高校1年で亡くし、高校2年の時、いつも学校の行き帰りに通る阪神甲子園駅、北側高架沿いの道に「全国秋田犬保存協会」という看板がかかっているお宅があり、何日も何回も迷った挙げ句、とうとう決心してブザーを押し「すみません、西宮東高校に通う近藤と言いますが、表の看板を拝見して、是非秋田犬を飼いたいと思ってきました」と話すと、ニコニコしたおじさんが、

「それはそれは、よう来てくれた。今純血の秋田犬は絶滅の危機にあってね、混血の秋田犬が増えすぎて困っているんや、君のような若い人が飼ってくれるのは嬉しいこっちゃなぁ。で、ちょっとお尋ねするけど秋田犬の子がなんぼほどするか知ってますか？」

「いいえ、どれくらいですか？」

「ウーン、いやまぁ〜、ええわ。今は5月やから子犬はおりませんのやが、12月に

なったら貯金を全部持って訪ねておいで」

これで私も大体の見当がつきました。貯金に励み親にいろいろねだって物を買わず、今までの貯金を全部下ろしてその年の12月15日にまたお訪ねしました。

「おお、よう来たね。なんぼ貯金できた?」

「僕この半年、必死で貯金して今までのお金と合わせて2万円（昭和39年当時は多分、大学の新卒で月給1万円くらいではなかったかと思います）持ってきました」

「そうかぁ、あのな正直に教えてあげるけど、今秋田犬の子供は、うちのようにちゃんとした血統書を付けてお渡しするところでは4万円するんやで」

「エッ、よ、4万円!」

青くなって、「家に帰って、単身赴任の親父に電話して頼んだら出してくれるかなぁ……」などと考えて後ろ向きになって帰ろうとした時に、

「でもな、君のような若い子が半年で、2万円はよう貯めてくれた。実はな、君がいくら持ってきても足らんやろうとは思うておったんや。でもな、その金額がなんぼでも構わんかったんや。わしはな君には飼うて欲しかった。でな、この犬は私が親犬を飼うている人と親しいから、事情を話してもう値段がいくらではなく、あげ

ようやないかと言うてあるんや、せやからその2万円で気持ちようお渡しするよ」

　こう言われて渡された秋田犬の子供は薄茶で、足先は4本とも白毛。尻尾も茶色でくるりと巻いた裏毛が白、可愛いことこの上ない子犬でした。血統書もちゃんと付いて、この子の父は日本チャンピオン、母は兵庫県のチャンピオン、正式なこの子の名前は「富士桜」。ゆえに我が家でお呼びする時の通称は「ふじ」様。それからの毎日は、寝る時は私の布団で一緒にお休みいただき、朝は目覚まし代わりに外が明るくなると私の耳を舐めて起こしてくれます。

　本当に可愛くて、3カ月で我が家に来た「ふじ」はみるみる大きくなり、翌年に藤の花が咲き誇る頃にはもうりりしいオスの秋田犬になっていました。が、甘えんぼうで、見かけでは思いもつかない、やさしい性格。

　でも、私がバカでした。大学に行くために東京に引っ越さなければいけなくなりました。幼稚園に入る前の年から住んで暮らした西宮の家は、私が居なくなると両親は離婚。母は別居し、父は長年の単身赴任で名古屋の知多半島、新日鐵知多製鉄所で新日鐵の兄弟会社「太平工業」という一部上場の会社の名古屋支店長として一人暮らし。「ふじ」をどうするか悩み抜き、父に相談すると、「ワシの友人でここのお寺の住職をしている人が犬を欲しがっているのでどうだ？」と言います。お寺のように敷地の広いところで飼ってもらえるならこれ以上のことはないし、お寺さんなら悪い人ではなさそうだし、親父の親友でしょっちゅう行き来のある人なら否やは無いということになり、西宮まで自分の車で迎えに来てくれたその方に「ふじ」をお譲りしました。

1歳半の「ふじ」が車の中からガラス越しに悲しそうに吼えて遠ざかる時には、自分の身体が裂けそうな気持ちになりました。

それから1年ちょっと経った頃、「ふじ」に会いに行きました。もう忘れているかと思ったのに遠くにお寺が見えてきてお寺の門に上がる階段の下から50メートルほどに近づくと、門の中から「ふじ」が飛び出してきて一気にこちらへ走ってきました。大きく

立派になって誰が見ても大型の毛並みの綺麗な秋田犬です。私も「ふじ」もどうして良いか分からないほどの嬉しさで抱き合い、顔をベチョベチョに舐められ、一段と太くたくましくなった足を握りしめ、感激のひと時を過ごしました。でも、この時の別れも切なかったですよ。どうして行くの、という鳴き声を今でも思い出すことができるほどです。

犬はこちらが育てているつもりでもあとで振り返ると、実は犬に育ててもらっていることがたくさんあるのですね。

今も我が家にはブルテリアの「三太」と「あずき」、ジャックラッセルの「マロン」が同居しています。彼らとの生活は、次の項でお話ししましょう。

25階は野生の王国

私が小さい頃から犬とともに暮らしてきたことはすでにお話ししました。学生時代は下宿ですから勝手に犬を飼うことなど許されるわけもありません。毎日放送に就職してからもしばらくは犬を飼うことを考える余裕もありませんでした。そして最初の結婚をした頃も公団住宅に住んでいましたから、もちろんダメでした。

29歳の時にようやく家を購入しましたが、最初のうちは忙しかったこともあり、犬のことはすっかり忘れておりました。そうこうするうちにテレビの番組の取材で伺った、家の中に数匹のブルドッグを飼っているお宅で突然、「良かったら、この犬を1匹あげましょうか」と言われ、お断りもできず連れて帰ることになったのです。

取材の最中、ええ犬ですねえとか、私も犬好きで小さい頃から犬と離れることなく過ごしたことなどを、嬉しげに話したから「ハハァーン、こいつはうちのブルが可愛いから欲しがってるんやな」と思われてこの犬をくれはったんやろうか……。それやからといっても、こんな血統書のついた立派なブルドッグをぽんとくださるなんて。

というわけで、突然、我が家に立派なブルがやってきたのですが、その頃の私は本当に忙しく、家には深夜に帰り寝るのが朝4時頃、8時には起きて会社に行く。週2日か3日は取材で泊まりがけの出張という毎日でした。

最初の奥さんは犬があまり好きではなく、食事を与えるのが精一杯でしたので、

「イチ」という名のこのブルちゃんは我が家ではあまり幸せではありませんでした。

ところがちょうどその頃取材でお邪魔した九州の島原で有名な温泉ホテルの御曹司が我が家に遊びにやってきて、「是非ともあのブルドッグを譲ってほしい」というのです。私はブルのためにも、この環境よりは島原のホテルとその裏山の全部が敷地という環境に生活できる方が幸せだろうし、ブルをうらやましいなと思いながら、もらっていただくことにしました。その後の連絡でも裏山全部を自分のテリトリーにして走りまくり、我が家にいる時とは比べものにならないくらい逞しい、元気なブルとして天寿を全うしたということです。

その後はマンション生活が続き、またしばらく犬と離れた生活になりました。

そうこうするうちにいろいろあって、ご存知のように私は毎日放送を辞めてタヒチへ移住することになり、日本をあとにしました。でも向こうではご縁があって私にフランス語を教えてくれる先生だったギー・デ・ロームさんのお宅の雌シェパードと、ギーさん宅の隣の雄ドーベルマンが両家の飼い主が知らぬ間に垣根の隙間をくぐり抜けて逢瀬を重ねた果て（というのも、向こうには雌のドーベルマンが一緒に飼われていたにも関わらず）の不倫でできたギー子という雌犬を飼うことになり、この子と7年にわたって楽しいタヒチ生活を送りました。

この子は賢い子で小さい頃からプール遊びを教えてやると、大きくなってからは夕方になると熱くなった自分の身体を冷やすためにプールサイドから飛び込みをやって、プールの中をひと周り泳ぐと階段でプールサイドに上がり、また飛び込む。これを30分ほど繰り返すのを日課にしておりました。

そしていつの間に覚えたのか庭に植えていた椰子の実の頃合いの物を選び、まことに上手に皮を剥いて、中のジュースの入った堅いボール状の部分が見えるまで剥がしていき、そこまでくると繊維組織の側をくわえてプールサイドのコンクリートタイルに打ち付け、殻にひびが入ってこぼれ出る椰子の実ジュースを心ゆくまで味わい、庭から収穫したバナナを干していると、上から順番に黄色く熟していくところから毎日おやつに2～3ずつ、それこそ見事に皮をきれいに剥いてバナナの中身を食べていくという技術を自己開発して、身に付けておりました。タヒチでの生活はこのギー子にずいぶんと慰められたものです。

そして日本に帰って6年目でした。あれはさんまちゃんが年に1回だけ大阪で公演をするというので大阪城やホテル・ニューオータニにほど近いビジネスパークビルの2階にあるIMPホールへ行った時です。早く行き過ぎた私は1階から2階へ上がるエスカレーターの傍にドッグ・カフェと書かれた喫茶店を見つけました。普通こういうカフェは自分で犬を連れて行き、犬とともにカフェタイムを楽しむものだと思っておりましたが、ここは違います。店の中で犬達がまるでホステスかホストのようにお客様を待っていて、客は入場料500円と、犬達のために店が用意しているおやつを一皿分100円で購入してお皿片手に中に入るのです。「お客さまぁ〜ん、いらっしゃいまぁせぇ〜ん」とばかり犬ホステス達はあなたの周りに群がってきます。

店の名前は「犬々房DOG MIND」。ここの特徴は、例え自分が犬連れであっても店の犬以外の犬を店に連れ込んではいけない、という早口言葉のような決まりがあるということ。

時間があったのでこの店に入ってみました。これがまた犬好きの私の心を鷲づかみ、いろんな種類の犬達が皆可愛い！　犬ホステス達が入れ替わり立ち替わり、「何を持っているのよぉん、早くちょうだい！」てなもんでやってきます。

ひととおり顔見せ（さすがに向こうは人間が店に入ってくる時に、ほとんど片手におやつを持っていることを知っております。最初のうちに顔見せで寄ってくると、客は要領が分かっていないのでついつい手元のおやつを誰彼なくやってしまいます）が済むと、ビックリするほど鮮やかに誰もやってこなくなり、人間の客は手元のおやつがあっという間に消えていることに気がつきます。北の新地やミナミのお店で毎晩のように起こっていることが、ここでは真っ昼間から人間と犬ホステス達の間で起こっているのであります。

ところが私の横には最初からずっと同じ犬が寄り添うように座ってくれていて、他の商売気だけで寄ってくる犬ホステス達とは明らかに違うのです。これがここのベテランホステスで、犬種でいうとブルテリア。すっかり惚れ込んだ一見客の私ですが、もうじっとしておれなくなって店長さんに聞きました。

「この犬種はあまり見ないのですが、お宅でお願いすれば分けていただくことは可能ですか？」

「ハイ、この子はもうお歳なので産めないのですが、この子の子供で若いお母さんがたしか今、妊娠中だったと思いますから聞いてみましょうか？」

「ええ、是非是非お願いします」

これが私とブルテリアの出会いです。それから数ヵ月後、

「赤ちゃん生まれましたよ。いつ来られるかお知らせいただければその時に赤ちゃんを預かって来ますので、見てあげてください」

見に行きましたよ。豚の子のような5匹、そのうちの2匹が白色で、あとは黒ベース。この白がなんとも言えず可愛い。

「この白い子を是非譲ってほしいのですが良いですか？」と聞くと、「もちろん良いですよ、そのために来ていただいたのですから」という夢のような返事。これが「三太」です。ところが手続きに入り書類に記入をしている時に、

「あのぉ近藤さん、このブルテリアという犬種は飼い主にスゴく忠誠心が高いので、飼い主の姿が見えないというだけで心配になるらしいんですよ。で、1匹だけで飼っているとノイローゼになって早死にするんですよ。ご存知でした？」

そんなもん知るわけもありませんから。

「エエッ？　それは知りませんでした、そしたらどうすれば良いのでしょうか？」

「もう1匹飼えば良いのですが、相性がねぇ〜」

「難しいのですか？　では、この今生まれた兄弟だったらどうです？」

「必ずというわけではありませんが、いわば他人のような子よりは兄弟の方が良いでしょうね」

「ほんなら、この中からもう1匹いただくということは可能ですか？」

「ちょっと待ってくださいよ、飼い主の方にお聞きしますから」

待つこと数分。

「近藤さん良かったですねえ、どうぞとおっしゃってますよ」

ではということで、もういっぺん残り4匹の顔を見渡すと、これはアカンわという、つまりぶっさいくな顔をした1匹が目につきました。これは昔、絵本なんかの中に描かれていたようなヤッコさん、そうそうあの凧揚げの凧に描かれているような、口ひげを生やしたあれです。その顔にそっくりなのがひとつおりました。黒毛ベースなんですが、皮膚の色も黒いところがあちこちに出て、上唇が上手いこと塗ったように黒くて、前から見ると見事なやっこヒゲのようになっています。これも1〜2歳になって出てくるならまだしも、今まだ2カ月ほどの赤ちゃんですよ。この時にもうオッサン顔、しかも雌！　この子は絶望的にもらい手が見つかりにくそうというのと、目が合ってしまいました。

この子の眼差しがまた優しくてじーっと見つめられたら「いっしょに帰ろうか?」と言ってしまう目でした。これが「あずき」で、結局うちにはこの兄妹がやってくることになりました。

ところが、犬に詳しい人に話を聞くと、このブルテリアという種類は小さい頃から訓練しないととんでもないことになると言われ、おびえた私はあちこちに話を聞き、門真市の国道1号線沿いにある「ビッグ・ドッグ」という犬の訓練学校を教えてもらいました。

「ブルテリアの兄妹2匹を飼いたいのですが、基礎訓練があると聞きました。どうしたらいいでしょう?」

とお聞きすると、

「1カ月か2カ月、一番可愛い時にあの子達に会わずに過ごせますか? これができればお預かりして訓練しましょう。ブルテリアは闘犬ですからスイッチが入ると闘犬の本能むき出しの犬になります。誰が悪いのではなく、彼らはそういうふうに創られたのですから、それが当たり前、普通なんです」

ということで、私は学校から許可が出るまでは絶対に会いに行かないと約束させ

られ、本当に一番可愛い時期を離れて暮らし、学校では人慣れをさせ、むやみに人を噛まないブルテリアになるための教育を受けました。帰ってきた時には本当に感激しました。まだ生後5カ月ほどなのにちゃんと〝おすわり〟や〝待て〟のできる賢い子になっていたのです。

しかし、これがどういうわけか食事の前になると本能スイッチが入って、突然何が気にくわないのか喧嘩を始めるのです。普段それはそれは仲が良いのに、猛烈な咬み合いを始め「闘犬」の名に背かない派手な喧嘩をやらかします。この結果、2匹とも耳は風切り羽根のようにスカスカ！

おでこや鼻筋は歌舞伎の「切られ与三郎」のような傷だらけ、週に3日は血だらけの戦い！　食事前の興奮さえなければ2匹とも良い子で仲良しなのに……。こうして我が家はフローリングの床に犬専用のマットを敷き詰め、そのマットも血液洗浄でしょっちゅう取り替え、予備マットが相当ないと間に合わない状態でした。しかし、これも大きくなるにつれ少しずつ落ち着きを見せ始めました。その頃、年に1回の再訓練で三太とあずきを門真の「ビッグ・ドッグ」に預けに行くと、いつ行っても目にする、よそのブルテリアがいることに気づきました。いつ行っても学校にいるので不思議に思って尋ねると、

「ああ、あの子はね、うちでお預かりしているというか、帰れないというか難しい子なんです。もし飼い主が家に連れて帰って、油断すると急に飛びかかって来て飼い主を噛むのだそうです。ですから学校にずっと預けておいて、毎週日曜日に2時間ほど面会に来て一緒に遊んで帰る、というのをもう2年ほども続けておられるのです。うちの訓練士があの子に触れるようになるだけで2カ月かかりました」

と言うことだそうで、それから比べればうちの子は優秀な部類ですよ、ネッ皆さん。

報告。本日は4月20日金曜日、先ほど夕方の6時過ぎに抜糸をしてきました。痛

みはもうほとんど無いものの、左手小指の先が何かにコッンと当たると思わず「あ、痛っ」と声が出る痛みはあります。これは、去る4月11日、例によって朝の食事前でした。

昨年12月15日、赤穂浪士の討ち入りの日に近くのコーナンで買い物の途中、何気なくペットコーナーに立ち寄った私と目が合った可愛い子犬、9月17日生まれのジャックラッセルが、毛並みの色から「マロン」と名づけられ我が家に来たのです。日頃はこの子の親のようにして三太が可愛がっているのに、何がどうしてか例の本能スイッチが入り、突然チビ助の耳を咬み離そうとしない。チビは悲鳴をあげあわてて両者を離そうとする私。その興奮した声を聞いてこっちも興奮のスイッチが入ったあずきは、咬まれて悲鳴をあげるチビの後ろ足を咬んで引っ張る。あずきを放り投げて離し、三太を見ると僅かな隙に今度は反対の耳を咬みしめている。口元に手を突っ込んで上下に開けようとしてもピクとも動かない。鼻をつまんで呼吸を困難にすれば離すかと思いきや咬んでいる口の歯の隙間から呼吸して効果はない。水を流し込めば離すかと流しに行っている隙にようやく離しました。

見るとマロンは両耳の途中から中折れになって出血中、床はマットが血だらけ、相当悲惨な事件のあとのような惨状。子犬の身体に付いた血を洗ったのにまだ部屋に血の跡が増えている。ふと見ると私の小指が出血していてここからの出血がかなりひどい。止血処置を自分でして、まだ出血しているマロンを病院に運んで手当を依頼し、私は放送へ。痛みをこらえて番組を終え、さらに1時間他の番組の録音を済ませて、ようやく人間の病院に行って診察してもらうと、

「これは爪が半分以上取れかけているから取ろう。それからその跡を縫いましょう」

で、指先を二針縫いました。痛かったぁ～！　あなたも我が家においでになりますか？

第6章

〆です

夢が我が家にやってきた！

これは、あなたがどの年代に生まれてどんな幼少期を過ごしたかで、感想はがらりと変わると思います。

私は昭和22年生まれ、生誕地は岡山県岡山市国富町という、岡山城の側を流れる堀代わりの旭川を挟んだ向かいのあたり。母方の祖母が乙多見《おたみ》というところに住んでいました。私は父の仕事の都合で確か2〜3歳の頃までここで育ち、その後に大阪の阿倍野区松崎町に引っ越し、後藤さんという方の2階を間借りして5歳になる前に西宮に引っ越しました。これはすべて自分の記憶によるもので、小学校に入ってから祖母や伯母に聞いて確かめましたから間違いありません。それからは西宮で高校卒業まで暮らしましたので、私にとって第二の故郷は西宮市です。

さてその私は、母が病気を患って身体が弱かったということや、母方の伯母（母の姉）が戦争中に将来を誓い合った彼が出征し、戦争が終わっても帰ってこなかった彼を待ち続け長らく独身であったこともあり、伯母が母代わりになり、母方の祖母といっしょに目の中に入れても、というような可愛がり方で育ててくれました。

お祖母ちゃん子だった私は国富にいた頃はもちろん、小学校に上がっても中学校になっても、高校に行っても、春夏冬の休みには必ずといって良いほど、お祖母ちゃんの家に行っていたものです。お祖母ちゃんはその頃、同居していた伯母とともに私をあちこちに連れて行ってくれました。

いくつの頃かは思い出せないのですが、伯母ちゃんと一緒に汽車のような乗り物に乗っていた記憶があります。進行方向の右手にもうひとつ別の線路がありました（今はこれが当時の国鉄山陽本線だと分かります）。左手には以前お祖母ちゃんと一緒に乗ったバスで走った記憶がある道路がありました（これは旧々国道2号線です）。そして私が乗っていた乗り物は一両だけで走っていて、私が不思議だなと思って覚えているのが、車両の前と後の運転席や車掌さんの外にテラスのようなものが付いていて、私はその外のテラスのようなところに出て行きたかったのに、出られるようなドアがどこにも付いていなかったことで、それが幼心に妙にはっきりと残っておりました。こういう記憶はそのまま深く残り、いつの間にか私の思い出の中に埋もれ込み忘れておりました。

　さて、月日の経つのは早いもの、2つか3つの可愛いミッチャンという聡明な子は、知らん間に年を重ね、気がつけば還暦も過ぎ、昔なら爺さんの領域に差し掛かっておりました。

　この頃、何に刺激を受けたのかどう考えても思い当たることがないのですが、汽車に興味を持つようになり、本を読んだりするうちにいろいろ知識が増えてきました。梅田の曾根崎警察署の南にあった旭屋書店の6階だったと思いますが、フロア全体に列車や電車の本はもちろん、ジオラマやNゲージの模型車両までが置いてあり、私のお気に入りのフロアでした。そしてある日、久し振りにそのフロアを見に行った私の目に『軽便鉄道時代』というタイトルの小さな本が入り、「ケーベン」という言葉が頭の中に繰り返し浮かんでは消え、消えては浮かびするのです。

　その本を手に取り中を開いて見ると、見開きページから何枚もの気動車の写真がいくつも載っています。そしてその中に「西大寺鐵道」という名前で、見たような気動車が何両連結かで繋がって走っている写真があるではありませんか。本文中の67ページには昭和37年8月に撮影された、あの記憶に残っているのと紛れもなく全く同じ軽便の車両がモノクロでハッキリと映っていました。

これを目にした時、全身に何かが走りました。「知ってる、この汽車知ってる。乗ったことある」。幼い頃の記憶が深〜い記憶の泉の底からプクプクと、最初は小さな泡がだんだん大きくなってきて風船のように膨らんで浮かんできました。あれは西大寺鐵道の軽便だったんだ！　そうや、軽便、ケーベン、けいべん、や！

この日からあちこちの模型店でNゲージ（Nゲージの説明を忘れていましたね、これは鉄道模型の大きさを言う時に象徴的に使ったりもしますが、模型の列車の線路幅を表します。Nは9ミリ幅のレール、つまり2本あるレールの内側と内側の幅です。鉄道模型にはHO、N、Zなどのサイズがありますが、日本では家屋の大きさや部屋の事情からNゲージが広く受け入れられています。このレール幅でいきますと大体120分の1の縮尺サイズで作られた模型、列車、駅舎、人家、人、馬、牛などの家畜、がよくマッチします）の軽便車両を探す日々がやってきました。

でもね、無いんですよ。普通、皆さんが持っているNゲージは日本の鉄道であれば、国鉄、JR、もしくは各地の私鉄の車両であって、私が探しているのは全国的にはもう忘れられた鉄道。軽便鉄道の車両なんて持っていたり、買ったりする人はごく限られています。軽便なんて言葉、ご存知ですか？　ましてやそれがかつて日本国内あちらこちらに敷設され、乗り合いバスのように、またトラック便のように活用されていた日々があったということなど……。知らないでしょうね。

明治38年には法律までできて、政府から正式に許可されたというより、まだ国力が十分でなかった日本の国が建設する鉄道と合わせて、国鉄の駅に物資や食糧、産物をドンドン運び込んでくる支線のようなものとして奨励されたような鉄道なんです。

全国の木材、絹織物、鉱物資源、各種名産品など、早く都会の消費地や工場、職人の多く集まるところに出荷したいという要望を持っていた地元の有力者達は、こぞって資本を出し一刻も早く自分達の物資を製品にして都会で売りさばきたかったのです。それこそ網の目のように軽便鉄道は全国に増えていきました。それは、国鉄のように線路幅１０６７ミリの鉄道にすると土地の幅も広くなるので土地買収の費用、枕木の幅、線路自体も太く重い、つまり高い鉄路を購入しなくてはいけませんが、軽便なら７６２ミリという幅ですから線路も軽いもので良いし、枕木も幅が狭く細くて安いもので耐えられます。

当時は道の整備もままならず、馬車で細々と運ぶくらいしかなかった地方にとってそれは本当に文明のお裾分けのように映ったでありましょう。軽便はこの頃、大正初期から戦後しばらくの間、戦争で苦しんでいる産業界、不便を囲っていた庶民の交通手段として大活躍をしていた時代があったのです。

しかしそれも、だんだんと道路整備がなされ、世の中に自動車が広く使われるようになると、バスやトラックが軽便の代わりをするようになり、徐々に使命を終え消えていく運命にありました。それでも地方の事情で昭和40年代の前半まではまだポツポツと残っている軽便がありましたが、昭和50年代になる頃には残っている軽便を探す方が難しいくらいになってしまいました。

こうして現在に至るも762ミリの軽便軌道で普通に動いているのは、近畿日本鉄道「内部《うつべ》・八王子線」、三岐《さんぎ》鉄道「北勢線」、黒部峡谷鉄道（これは季節運行で冬場は動いていません）の三線のみになっています。

こうして今やもう無いに等しいくらいになってしまった消えゆく軽便鉄道。それに乗った記憶が僕にはある！

このひとつの思いが私の何かを動かしました。もう60半ばを迎えようかというのに、なんでこんな気になったのでしょう。幼い頃の記憶に残っているあの風景、あれをなんとか自分の目に見える形にして手の届くところに置きたい。そういう思いが心の中に湧いて２０１１年の初夏の頃、知り合いを通じて紹介された、関西でジオラマ制作のトップ３に入る実力者が社長をしている会社「ジェイ　モデリング」の藤木紀幸社長に出会って、「作ろう！」「ジオラマを我が家に作ってみよう」という気になったのです。

彼のひたむきなジオラマ制作への思い。私のジオラマへの思いが、彼に出会ってチッカ〜ン！と光ったのですな。こうして、８ヵ月くらいあとに涙がチョチョ切れるような話が動き出しました。

藤木社長は私に注文を出してきました。

「故郷のイメージをジオラマにするという希望はよく分かりますが、近藤さんの言うお祖母ちゃんの家のあたりの山の風景、山の形が知りたいのですが、何か手掛かりはありますか？」

答えは簡単でした。行けば良い。私は彼を岡山駅に新幹線で連れて行きましたが、岡山駅に着く４〜５分前から進行方向左側の景色を見てもらいます。在来線で言うと山陽本線岡山駅のひとつ手前、「東岡山駅」ここがポイントです。このあたりでは、新幹線と在来線は平行して走っています。昔は見えなかった新幹線高架の上から、僕のお祖母ちゃんの家の方向とその後ろにある、今となってみれば丘のような低い山が見通せます。岡山駅で新幹線から在来線の赤穂線に乗り換えて西大寺に戻ると、今の東岡山駅までは山陽本線、東岡山駅で赤穂線に分かれて、裸祭り・会陽《えよう》で有名な西大寺方面に向かいます。

その昔、西大寺の祭りに行く人達を運ぶという、年に1回の祭りのために、信徒や周辺の人々が執念を燃やしたのです。国が敷設した山陽本線では、岡山県観光の象徴のひとつでもあった西大寺へ回ってくれなかったため、岡山の町から繋がる交通手段をなんとしても作りたかった地元の執念が、明治43年から大正4年にかけての工事を貫き、西大寺から後楽園までの西大寺鐵道を完成させました。しかも本州ではここだけ、軽便の軌道幅としては異様な914ミリという、変に広くて、標準機の1067ミリより変に狭い線路幅で開通したのです。

どうやらこのけったいな線路幅は、当時鉄道の事情もよく分からなかった役員のひとりが焦って個人の判断で発注したことによるものらしいですが、いかにも岡山県人らしいのんびりさが出た話のような気がします。ま、こうして西大寺鐵道が通ったから私の大事な思い出ができたのですが……。

その西大寺鐵道と平行するように国鉄赤穂線が敷設され、西大寺鐵道が廃止されたのは昭和37年のことでした。

岡山駅から赤穂線の西大寺駅までを藤木社長と同行し、山並みや昔話を説明して西大寺では両備バスの大きな車庫の横に置かれている産業遺産の気動車を見学し、これこそが私の記憶にある、私が乗っていた軽便の車両だと分かりました。

ここまで見て説明を受けた藤木社長は、「これで分かりました。イメージは出来上がりました」と私の注文を引き受けてくれました。

それからまた3カ月程後、そろそろ全体像が出来上がっていますよと言われ、藤木社長の会社へ見に行きました。ほとんど私の希望を叶えてくれて、すてきなジオラマと懐かしい山並みの麓を走り抜ける山陽本線と、その内側を走る西大寺鐵道＝軽便鉄道の線路がジオラマ模型の中を走っています。

全体がグランドピアノの外形のようなデザインで長さ１８０センチ、横幅は大きなところで１２０センチ。「これは嬉しい、予想以上のできで喜んでいます」と言うと、「いいや、まだまだ。部屋を暗くしますよ」と言って壁のスイッチを触ると、ジオラマの中の駅や駅前の商店、街灯、模型の中に作られたすべての住宅の中から灯りが見えています。そして一軒の農家の庭にエプロン姿のお祖母ちゃんと、お祖母ちゃんに向かって何かを言っている幼い子供、子供の足元には数羽の鶏。そうです。幼い私とお祖母ちゃんが何か話をしています。ちょびっと涙が出そうになりました。

このジオラマを我が家に運び込むために、事前準備をしなければなりません。ここからが大変です。まずこのジオラマをうちの愛犬たちにグチャグチャにかじられたり踏まれたりしないための台座をつくり、次にこれを乗せてからいろいろな仕掛けを動かすための電気配線をしておかなければなりません。

電気屋さんに来てもらいました。次に、「近藤さん、Nゲージは線路の拭き取り手入れをやらないと走る列車に電気が行かないので、マメにしてくださいよ」という藤木さんの言葉で気がつきました。

「それって、このジオラマ全体にカバーがあればかなり助かるということですか？」

「まあそうですけど、こんなけったいな形のジオラマにかぶせるケースは、有りものではないでしょうね」
「ということは、別注ですか？」
「私にはそうとしか思えませんねぇ、当然透明のプラスティック系になるんです
が、大きいから厚みが要りますし、分厚くて透明度が高いとなると余計にねぇ……」
私はすぐに、私が親友と思い込んでいる特殊プラスティック製品の生産加工では
日本有数の会社、八十島プロシードの会長、八十島さんに電話をして訳を話しまし
た。
「ものを見せてもらいに行かなアカンな、それから集まって相談をしようか」
で、現物をみたヤソやんは「あれは置き方から何からデザインが必要やなあ、あ
いつを呼ぼうか」というので出てきたのが、宮後デザインセンターの社長で、友人
の中ではちょっと変わり者の宮後浩博士。友人の中で医者以外でただひとり博士号
を持っているデザイナー（いうても、近畿大学で建築学を教えていた人で、さらに
2011年春に瑞宝単光賞を受勲した人）です。
彼がパッと見て言うのに、「そうやなあ7～8ミリの厚みがないと持たんやろ」「や
っぱりな」とヤソやん。「そしたらいよいよあのお父さんに出ていただかんとアカン

な」というので、今度登場されたのが箸中化成の箸中信夫会長、ヤツやんのお父さんの頃からのお付き合いのある取引会社で、会長は日本で3本の指に入るアクリル接着の特殊技術の持ち主。もう70過ぎのお父さんですが、その技術は日本の誇りという方です。こんな人まで出てきていただいて、ホンの個人の趣味が高じて、瓢箪から駒で出来上がったジオラマに関わる人のレベルの高さ！　皆友達の輪で繋がってる心地良さ！　お分かりいただけます？　こうして出来上がったのが、我が家の変な形のジオラマとそのアクリル製カバー。

ところがこのカバー、綺麗で透明で、しかも重量感があって言うこと無いけど、ホンマに重い。37キロ！　こんな重いものを片手で持ち上げて、もう一方の手で線路を拭けまっか？　駄目でしょ！　そこでまた皆が寄って鳩首会談。長い検討会が開かれた結果、「手では無理やし、人力は無理やな。そしたら天井からクレーンで吊ろうか？　今は家庭用のシャンデリアの重たいもんを電動で吊るやつがあるなあ、あれ使おか？」という結論で、うちの家にはジオラマのためのクレーンが付くことになりました。

書いたら簡単なようですが、これにかかった日数、飯代、アホな会話の数々。無駄だったのか無駄ではなかったのか。とにかく様々な峠を越えて我が家にジオラマがやって来、電気が点り機関車と軽便が走りました。そしてそして、うちの機関車は最新のＤＣＣという仕掛けであの機関車の蒸気排出音「シュッシュッ」という音が自分の速度に合わせて機関車の中から聞こえてくるようになっております。ケースも天井から無事クレーンで吊られて降りてきて、キッチリと本体にハマり、まるで展示場のジオラマのようになりました。ケースが被さると密閉状態で中を走る機関車の音が聞こえなかったのを、音響のテクニシャン・安藤君のおかげで、山の中に仕込んだ隠しピンマイクで外に力強く響かせます。

試運転に集まった仲間はしばらくこのジオラマに見とれ、不思議なことに自分が見つめる１２０分の１の世界に自分で思う世界を描き、知らず知らずの間にそれぞれがその世界に没頭し、時間の感覚を失い、懐かしい昭和の蒸気機関車が走っていたあの少年時代に帰って行っているのです。

今まで色んなことにお金を使いましたが、このジオラマに一番お金を使わせられました。自分のものであっても、関わる人の思いや情熱に引っ張られついつい「ウン」と頷いて何やかやと費用がかかり、銀行で係の人に呆れられながら定期を下ろし、ついにできた私のジオラマ。お祖母ちゃんと幼い僕がいる。毎晩でもあの頃に帰ることができる幸せ。

いつかはこんなことができたらいいな、という思いが実現し、それがいつでも部屋にある満足感。夢を持ってて、それを実現して良かった。

こう書くと、ほんなら夢の叶ったお前はもう死ぬんか？　と言われそうですが「皆さん！　こういうそんなに大きくもない夢でも叶えてごらんなさい。気持ちがスッキリする」。そしたら「よっしゃ！　この調子でもう一発何かを思いついてそれを叶えよう」という気になるのです。そして、それを叶えるためにはもうちょっと頑張って働こう、もうちょっと頑張ってみよう、という気が湧いてきます。

今夜も部屋の灯りを消してジオラマの中の灯りを

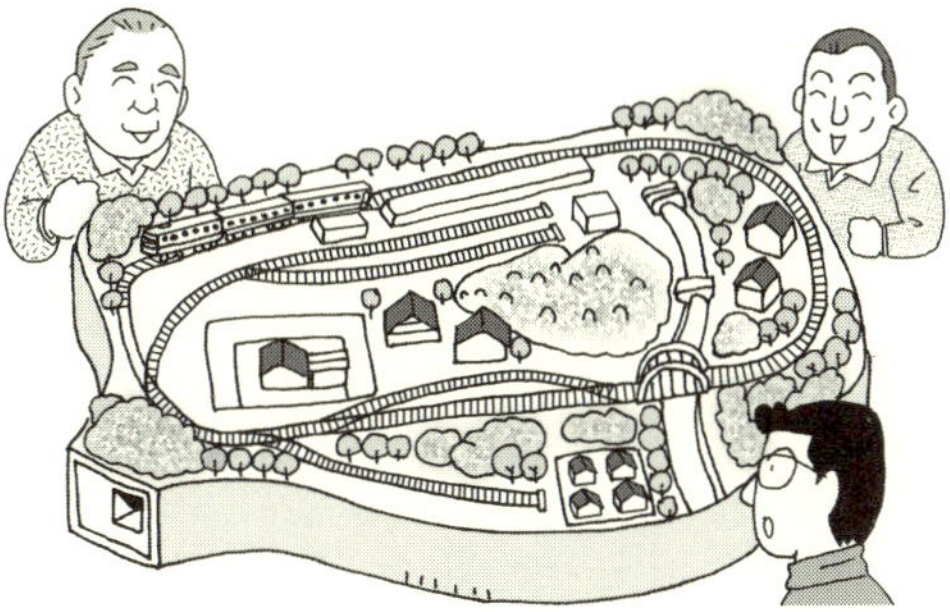

点して、ＳＬと軽便を走らせます。ヘッドライトを光らせて近づいてきた機関車は通り過ぎ、客車の後ろの赤いテールライトを見せて山あいへと消えていきます。その機関車の走りは私の人生にも似て止まることなく走り続けます。山の向こうにはまだまだ遙か彼方に続いていく線路が果てしなく延びています。その線路はどこか星空の彼方にまで続いて行き、やがては銀河鉄道へと移っていきます。

男は誰でも夢を見る。夢を見なくなったら男じゃなくなる。夢を見て、夢をつかみに汽車に乗る。

僕の銀河鉄道、今夜も出発進行！

皆さんもご一緒にいかが？

こんちわコンちゃん番組年表

年	月日	主な出来事
2000	10月2日	「こんちわコンちゃん2時ですょ！」（14〜16時）スタート。中村理プロデューサー。第1回放送のゲストは月亭八方さん
		テーマ曲「飛べ飛べサザンアイランド」完成。作詞・原田伸郎、作曲・山村誠一。アレンジャー・ばんばひろふみ。押尾コータローがギターで参加。歌は渡辺たかね。コンちゃんはスタッフとともにコーラスで参加。千里丘放送センターのスタジオで録音
	10月3日	第2回放送のゲストは藤山直美さん
2001	3月	リスナーとのタヒチ旅行開始。（タヒチ旅行は２００６年春まで開催。２００５年はニューカレドニア）
	10月1日	放送時間が12時30分スタートになるのを機に「こんちわコンちゃんお昼ですょ！」にタイトル変更
	10月20日	コンちゃん3度目の挙式を軽井沢の教会で挙げる
	10月24日	桂米朝師匠が初めてゲスト出演してくださった
2002	2月	バッファロー吾郎木村、コンちゃんのコーディネートによりニューカレドニアで挙式と新婚旅行
	夏	食品コラボ企画第1弾、コンちゃんパン発売（ヤマザキ）
	8月お盆週	「聞くコンちゃん」のテーマ募集を1週間を通じ「怖い話」にし、コンちゃんお得意のトーンで盛り上げる
	10月	コンちゃん「ダイエットします！」宣言
	11月	コンちゃんと行く松茸ツアー開始（２００７年まで開催）
2003	7月	渥美昌泰プロデューサー着任

2004	4月	「プチ吼え（仔犬の泣き声）」コーナースタート
	10月27日	桂吉弥さん登場（翌年2月2、3日にメインを代演）
2005	3月	リスナーとニューカレドニアツアー
	4月8日	金曜日放送スタート
	10月29日	第1回卵かけシンポジウム（島根県雲南市）ツアー開催
2006	1月17日	新神戸オリエンタル劇場にて、震災チャリティーイベント開催（57万5008円を寄付）
	10月	三浦敏彦プロデューサー着任
2007	3月	「1時またぎ」コーナースタート
	3月8日	コンちゃん、天満天神繁昌亭で、落語「代書」を熱演
	3月21日	コンちゃん、声帯の手術でこの日から休む。5月18日に復活
	6月4日	鶴瓶さん初出演
	7月12日	コンちゃん60歳に！
	9月4日	甲子園観戦ツアーを開始
2008	3月	リスナーとフィンランドオーロラツアー
	7月	新堂裕彦プロデューサー着任
	9月	リスナーと黒部ダムツアー
	11月19日	コンちゃんと毎日放送同期入社の平松大阪市長出演
2009	9月18日	甲子園でコンちゃん念願の始球式（公言のノーバウンド実現できず……）
	9月25日	番組開始2000回。ええかげん2000回スペシャル放送
		岡山観光特使就任
	年末	ローソンとのコラボ商品「コンちゃんのコンだけでっかい！海老天年越しそば」「こんちわコンちゃん　でっかいお揚げですょ　うどん」発売

2010	2月	節分にちなみローソンとのコラボ商品「コンちゃんの鬼も逃げ出す恵方巻！にほんいち」「コンちゃんの雪やコンコン　わさび雪見そば」発売
	10月	番組10周年！
		少年時代に祖母によく作ってもらったという「肉めし」をベースに、ローソンから「うまし！懐かし！肉めし弁当」「うまし！懐かし！肉めしおにぎり」他を発売
	年末	ローソンから「コンちゃんの開運！ダブル海老天年越しそば　大っきなお揚げも付いています」「コンちゃんのお肉三銃士うどんプラスごぼう兄弟」を発売
2011	3月	西日本出版社から書籍『銀瓶人語』発刊
	6月	取材先で山川マネージャーがコンちゃんの車をバックさせ鉄柱にぶつける
	7月12日	コンちゃん64歳の誕生日。自らの手作りケーキで祝う。出演者から「こんどうみつふみ」で、あいうえお作文のプレゼント
	9月	古瀬絵理さん結婚＆妊娠を発表、コンちゃんふられる
	11月	コンちゃん、ダースベイダーのモノマネをやり始める。「コォーホー」
	12月	三陸鉄道のヘッドマーク・オーナーになり、東北へ
	年末	ローソンから「帰ってきた！コンちゃんのコンだけでっかい！海老天年越しそば」「コンちゃんのだしトロっ肉うまっカレーそば」「コンちゃんまん豚」他発売
2012	1月	「関西バンザイTVまぶしいチカラ」（MBSテレビ）で千原ジュニアさんと初共演
		ローソンから「コンちゃんのだしトロっ肉うまっカレーうどん」発売
	3月	コンちゃん初孫誕生
	4月	飼い犬に指を噛まれて病院へ
	6月	シルクさん25歳年下の彼氏と破局を発表
	6月28日	禁止直前に生レバーを食べに焼き肉店へ駆け込む
	7月	岡墻正芳プロデューサー着任
	9月	コンちゃん、西日本出版社から書籍『こんちわコンちゃんお昼ですょ！』出版

こんちわコンちゃん出演者ですょ！

2000年10月　こんちわコンちゃん2時ですょ！　午後2時〜4時

月　近藤光史・渡辺たかね
火　近藤光史・渡辺たかね
水　近藤光史・シルク
木　近藤光史・シルク

2001年4月　こんちわコンちゃん2時ですょ！　午後2時〜4時

月　近藤光史・渡辺たかね
火　近藤光史・渡辺たかね
水　近藤光史・シルク
木　近藤光史・シルク

2001年10月　こんちわコンちゃん2時ですょ！　午後2時〜4時

月　近藤光史・渡辺たかね・大平サブロー
火　近藤光史・渡辺たかね・中村鋭一
水　近藤光史・シルク
木　近藤光史・シルク

2002年4月　こんちわコンちゃんお昼ですょ！　午後12時半〜3時26分

月　近藤光史・渡辺たかね・大平サブロー　【リポ】大八木友之
火　近藤光史・渡辺たかね・中村鋭一　【リポ】上田悦子
水　近藤光史・シルク　【リポ】渡辺裕薫

シルク

大平サブロー

シンデレラエキスプレス
渡辺裕薫

木	近藤光史・シルク	【リポ】ケーちゃん

2002年10月　こんちわコンちゃんお昼ですょ!　午後12時半～3時30分

月	近藤光史・渡辺たかね・大平サブロー	【リポ】大八木友之
火	近藤光史・渡辺たかね・中村鋭一	【リポ】上田悦子
水	近藤光史・シルク	【リポ】渡辺裕薫
木	近藤光史・シルク	【リポ】ケーちゃん

2003年4月　こんちわコンちゃんお昼ですょ!　午後12時半～3時37分

月	近藤光史・渡辺たかね・大平サブロー	【リポ】井上雅雄
火	近藤光史・渡辺たかね・中村鋭一	【リポ】上田悦子
水	近藤光史・シルク	【リポ】渡辺裕薫
木	近藤光史・シルク	【リポ】ケーちゃん

2003年10月　こんちわコンちゃんお昼ですょ!　午後12時半～3時37分

月	近藤光史・渡辺たかね・大平サブロー	【リポ】井上雅雄
火	近藤光史・渡辺たかね・中村鋭一	【リポ】上田悦子
水	近藤光史・シルク	【リポ】渡辺裕薫
木	近藤光史・シルク	【リポ】ケーちゃん

2004年4月　こんちわコンちゃんお昼ですょ!　午後12時半～3時37分

月	近藤光史・渡辺たかね・大平サブロー	【リポ】井上雅雄 【電話】一枝修平・金村義明ほか
火	近藤光史・渡辺たかね・中村鋭一	【リポ】上田悦子
水	近藤光史・シルク	【リポ】渡辺裕薫
木	近藤光史・シルク	【リポ】ケーちゃん

ケーちゃん

月1	桂米朝・木村政雄・岩崎峰子	

2004年10月　こんちわコンちゃんお昼ですよ！　午後12時半～3時37分

月	近藤光史・渡辺たかね・大平サブロー・亀井希生	【リポ】井上雅雄 【電話】一枝修平・金村義明ほか
火	近藤光史・渡辺たかね・中村鋭一・亀井希生	【リポ】上田悦子
水	近藤光史・シルク・柏木宏之	【リポ】渡辺裕薫
木	近藤光史・シルク・柏木宏之	【リポ】ケーちゃん
月1	桂米朝・木村政雄・岩崎峰子	

2005年4月こんちわコンちゃんお昼ですよ！　午後12時半～3時45分（金曜は3時40分）

月	近藤光史・渡辺たかね・亀井希生・大平サブロー	【リポ】上田たかゆき 【電話】金村義明・駒井千佳子
火	近藤光史・渡辺たかね・亀井希生	【リポ】上田悦子
水	近藤光史・シルク・中村鋭一・柏木宏之	【リポ】渡辺裕薫
木	近藤光史・シルク・柏木宏之	【リポ】ケーちゃん
金	近藤光史・笑福亭銀瓶・花田千映子	
月1	桂米朝・木村政雄・岩崎峰子・京唄子	

2005年10月　こんちわコンちゃんお昼ですよ！　午後12時半～3時45分（金曜は3時40分）

月	近藤光史・渡辺たかね・亀井希生・大平サブロー	【リポ】上田たかゆき 【電話】金村義明・駒井千佳子
火	近藤光史・渡辺たかね・亀井希生	【リポ】上田悦子
水	近藤光史・シルク・中村鋭一・柏木宏之	【リポ】渡辺裕薫
木	近藤光史・シルク・柏木宏之	【リポ】ケーちゃん
金	近藤光史・笑福亭銀瓶・花田千映子	【リポ】桜みずほ・加藤誉子

亀井希生

笑福亭銀瓶

月1	桂米朝・木村政雄・岩崎峰子・京唄子	

2006年4月　こんちわコンちゃんお昼ですょ！　午後12時半～3時45分（金曜は3時40分）

月	近藤光史・シルク・亀井希生・大平サブロー	【リポ】上田たかゆき【電話】金村義明・駒井千佳子
火	近藤光史・シルク・亀井希生	【リポ】上田悦子
水	近藤光史・松井愛・中村鋭一・柏木宏之	【リポ】渡辺裕薫
木	近藤光史・松井愛・柏木宏之	【リポ】ケーちゃん
金	近藤光史・笑福亭銀瓶・渡辺たかね	【リポ】桜みずほ・加藤誉子
月1	桂米朝・木村政雄・岩崎峰子・京唄子	

2006年10月　こんちわコンちゃんお昼ですょ！　午後12時半～3時45分（金曜は3時40分）

月	近藤光史・シルク・亀井希生・大平サブロー	【リポ】上田たかゆき【電話】金村義明・駒井千佳子
火	近藤光史・シルク・亀井希生	【リポ】土肥ポン太
水	近藤光史・関岡香・中村鋭一・柏木宏之	【リポ】渡辺裕薫
木	近藤光史・関岡香・柏木宏之	【リポ】ケーちゃん
金	近藤光史・笑福亭銀瓶・渡辺たかね	【リポ】桜みずほ・加藤誉子
月1	桂米朝・木村政雄・岩崎峰子・京唄子	

2007年4月　こんちわコンちゃんお昼ですょ！　午後12時半～3時45分（金曜は3時40分）

月	近藤光史・シルク・亀井希生・大平サブロー	【リポ】上田たかゆき【電話】MBS野球解説者
火	近藤光史・シルク・亀井希生	【リポ】土肥ポン太【電話】駒井千佳子
水	近藤光史・関岡香・柏木宏之	【リポ】渡辺裕薫
木	近藤光史・関岡香・柏木宏之	【リポ】ケーちゃん

関岡香

金	近藤光史・笑福亭銀瓶・渡辺たかね	【リポ】桜みずほ・加藤誉子
月1	桂米朝・木村政雄・中村鋭一・京唄子	

2007年10月　こんちわコンちゃんお昼ですょ！　午後12時半～3時45分（金曜は3時40分）

月	近藤光史・シルク・亀井希生・大平サブロー	【リポ】上田崇順 【電話】MBS野球解説者
火	近藤光史・シルク・亀井希生	【リポ】土肥ポン太【電話】駒井千佳子
水	近藤光史・関岡香・柏木宏之	【リポ】渡辺裕薫
木	近藤光史・関岡香・柏木宏之	【リポ】ケーちゃん
金	近藤光史・笑福亭銀瓶・渡辺たかね	【リポ】桜みずほ・加藤誉子
月1	桂米朝・木村政雄・中村鋭一・京唄子	

2008年4月　こんちわコンちゃんお昼ですょ！　午後12時半～3時45分

月	近藤光史・シルク・亀井希生・大平サブロー	【リポ】笑福亭瓶成 【電話】MBS野球解説者
火	近藤光史・シルク・亀井希生	【リポ】ケーちゃん【電話】駒井千佳子
水	近藤光史・関岡香・上田崇順	【リポ】渡辺裕薫
木	近藤光史・関岡香・大月勇	【リポ】土肥ポン太
金	近藤光史・笑福亭銀瓶・渡辺たかね	【リポ】桜みずほ・加藤誉子
月1	桂米朝・木村政雄・中村鋭一・京唄子	
月パ	原田伸郎・森脇健児	

2008年10月　こんちわコンちゃんお昼ですょ！　午後12時半～3時45分

月	近藤光史・シルク・亀井希生・大平サブロー	【リポ】笑福亭瓶成 【電話】MBS野球解説者
火	近藤光史・シルク・亀井希生	【リポ】ケーちゃん【電話】駒井千佳子

水	近藤光史・関岡香・上田崇順	【リポ】渡辺裕薫
木	近藤光史・関岡香・大月勇	【リポ】土肥ポン太
金	近藤光史・笑福亭銀瓶・渡辺たかね	【リポ】桜みずほ・加藤誉子
月1	桂米朝・木村政雄・中村鋭一・京唄子	
月パ	原田伸郎・森脇健児	

2009年4月　こんちわコンちゃんお昼ですょ！　午後12時半～4時

月	近藤光史・シルク・亀井希生・大平サブロー	【リポ】笑福亭瓶成 【電話】MBS野球解説者
火	近藤光史・シルク・亀井希生・浅越ゴエ	【リポ】ケーちゃん
水	近藤光史・関岡香・渡辺裕薫・上田崇順	【リポ】かみじょうたけし
木	近藤光史・関岡香・大月勇	【リポ】土肥ポン太
金	近藤光史・笑福亭銀瓶・水野麗奈	【リポ】桜みずほ・増田倫子（桜）
月1	桂米朝・木村政雄・京唄子	
月パ	原田伸郎・森脇健児・上野修三・桂雀々	

2009年10月　こんちわコンちゃんお昼ですょ！　午後12時半～4時

月	近藤光史・シルク・亀井希生・大平サブロー	【リポ】鈴木健太 【電話】MBS野球解説者
火	近藤光史・シルク・亀井希生・浅越ゴエ	【リポ】ケーちゃん
水	近藤光史・関岡香・渡辺裕薫・上田崇順	【リポ】かみじょうたけし
木	近藤光史・関岡香・大月勇	【リポ】土肥ポン太
金	近藤光史・笑福亭銀瓶・水野麗奈	【リポ】桜みずほ・桜 稲垣早希
月1	桂米朝・木村政雄・京唄子	
月パ	原田伸郎・森脇健児・上野修三・桂雀々	

浅越ゴエ
（ザ・プラン9）

かみじょうたけし

桜 稲垣早希

2010年4月　こんちわコンちゃんお昼ですょ！　午後12時半～4時

月	近藤光史・シルク・亀井希生・大平サブロー・MBS野球解説者	
火	近藤光史・シルク・亀井希生・浅越ゴエ	【リポ】ケーちゃん
水	近藤光史・古瀬絵理・渡辺裕薫・上田崇順	【リポ】かみじょうたけし
木	近藤光史・関岡香・大月勇	【リポ】土肥ポン太
金	近藤光史・笑福亭銀瓶・関岡香	【リポ】桜みずほ・桜 稲垣早希
月1	桂米朝・木村政雄	
月パ	原田伸郎・森脇健児・上野修三・桂雀々・村上ショージ	

2010年10月　こんちわコンちゃんお昼ですょ！　午後12時半～4時

月	近藤光史・シルク・亀井希生・大平サブロー・MBS野球解説者	
火	近藤光史・シルク・亀井希生・浅越ゴエ	【リポ】ケーちゃん
水	近藤光史・古瀬絵理・渡辺裕薫・上田崇順	【リポ】かみじょうたけし
木	近藤光史・関岡香・田丸一男	【リポ】土肥ポン太
金	近藤光史・笑福亭銀瓶・関岡香	【リポ】桜みずほ・桜 稲垣早希
月1	桂米朝	
月パ	原田伸郎・森脇健児・上野修三・桂雀々・村上ショージ	

2011年4月　こんちわコンちゃんお昼ですょ！　午後12時半～4時

月	近藤光史・シルク・大平サブロー・土肥ポン太・MBS野球解説者	
火	近藤光史・シルク・亀井希生・浅越ゴエ	
水	近藤光史・古瀬絵理・渡辺裕薫・上田崇順	【リポ】ケーちゃん
木	近藤光史・関岡香・亀井希生	【リポ】かみじょうたけし
金	近藤光史・笑福亭銀瓶・関岡香	【リポ】桜みずほ・桜 稲垣早希

月1	桂米朝・勝谷誠彦・村上ショージ・上野修三
月パ	原田伸郎・森脇健児・桂雀々

2011年10月　こんちわコンちゃんお昼ですょ！　午後12時半〜4時

月	近藤光史・シルク・大平サブロー・土肥ポン太・ＭＢＳ野球解説者	
火	近藤光史・シルク・亀井希生・浅越ゴエ	
水	近藤光史・古瀬絵理・渡辺裕薫・上田崇順	【リポ】ケーちゃん
木	近藤光史・関岡香・亀井希生	【リポ】かみじょうたけし
金	近藤光史・笑福亭銀瓶・関岡香	【リポ】桜 稲垣早希・清老寛子
月1	桂米朝・勝谷誠彦・村上ショージ・上野修三	
月パ	原田伸郎・森脇健児・桂雀々	

2012年4月　こんちわコンちゃんお昼ですょ！　午後12時半〜4時

月	近藤光史・シルク・大平サブロー・ヤナギブソン・ＭＢＳ野球解説者	
火	近藤光史・シルク・亀井希生・浅越ゴエ	
水	近藤光史・武川智美・テンダラー・（5月から）桂紅雀	【リポ】ケーちゃん
木	近藤光史・水野由加里・渡辺裕薫・亀井希生	【リポ】かみじょうたけし
金	近藤光史・笑福亭銀瓶・関岡香	【リポ】桜 稲垣早希・清老寛子
月1	桂米朝・勝谷誠彦・村上ショージ・福本容子	
月パ	原田伸郎・森脇健児・桂雀々	

注意：**月1**＝月イチご意見番　**月パ**＝月イチパートナー　**リポ**＝中継リポーター　**電話**＝電話出演

清老寛子

ヤナギブソン
（ザ・プラン９）

武川智美

テンダラー
白川悟実・浜本広晃

桂紅雀

水野由加里

祝出版！
仲間達からコンちゃんへのお祝いメッセージ
（敬称略）

大平サブロー
（月曜）

いやぁ、ついに出ますか？　禁断の書が!!
これは、見ものです。毎日、毎日、ラジオであれだけ話し続けて、
吠えまくってきた男ですから、
ペンにも手加減なく、問答無用に切りまくる事まちがいない！
最初のページからワクワクします。
期待は裏切りません。

シンデレラエキスプレス 渡辺裕薫
（木曜）

『こんちわコンちゃんお昼ですょ！』番組が始まってはや10余年。

近藤さんには変わらず可愛がっていただいています。

力強く歯に衣きせぬ、皆さんが抱いているイメージとは違う、繊細な近藤さんの姿にも出会った年月でした。

そんな部分がこの本に登場するのかは分かりませんが、行間に必ず隠れていることでしょう。

関岡　香
（金曜アシスタント）

この半年近くよくがんばりましたね！

「1週間で書かないといけないノルマの原稿枚数があって、金曜日は大変なんや！」って、まるで売れっ子作家さんのような発言をし、毎週OAで眠そうにしながらも毒舌発言は鈍る事がありませんでした。一夜漬けタイプ？人生を振り返り文字にする作業は大変だったと思います。本当にお疲れ様でした。

シルク
（月曜・火曜アシスタント）

コンちゃんとラジオのお仕事をさせていただいて、12年。

変わらない所は、あくなき好奇心と、行動力、自己愛の強さ。

変わったのは、伴侶。

増えたのは、狂暴なワンコ３匹、エヌゲージのお部屋、体重。

減ったのは、髪の毛。

オシャレだなと思う所は、お洋服と腕時計の色を合わせて着こなす所。

それはどうかな？と思う所は、好みの女性ゲストが来ると、必ず8年間住んでいたタヒチと母校の早稲田の話をする所。

逆に、あまり興味のないゲストが来ると、いつのまにか自分の自慢話に話がすり替わっている所。

そんなコンちゃんが、本を出す。

月曜日から金曜日でラジオ３時間半しゃべっているのに、まだ言い足りないらしい…。

どうか、沢山の皆様に読んでいただけますように。

願ってやみません。

武川智美
（水曜アシスタント）

放送を終えて家に帰ると、グッタリして子どものお世話もままならない状態のワタクシ。
コンちゃんのパワーは凄いですっ!!
吸い取られすぎてますますやせ細りそうですが、
コンちゃんから知識・好奇心・テクニックをいただいて
大きくなれるよう、頑張ります!!

笑福亭銀瓶
（金曜）

祝！『コンちゃんの本』出版！
めでたい、めでたい。
それにしてもコンちゃん、本を出すのなら僕に相談してくれたら良かったのに〜。
「もっとこう書いたほうがいいよ」「こんな表現法もあるよ」とか、
いろいろアドバイスしてあげたのに〜。
何しろ、本に関しては、僕のほうが先輩ですからね。
そやけど、一体どんなことが綴られているんやろか？
楽しみ、たのしみ〜。

水野由加里
（木曜アシスタント）

木曜日のアシスタントを務めさせて頂いています、水野由加里です。
番組を始めて半年。
リスナーの皆さんから「負けないで！」「コンちゃんがワガママ言うたら、突っ込んでや！」などのアドバイスを沢山頂きました。
初めはドキドキでしたが、
今はコンちゃんの“実は面倒見の良さ”に甘えさえて貰っています！
ダメな子を構ってくれる、お兄さんタイプなんですね♪

森脇健児
（月イチパートナー）

コンちゃんが本か！
ラジオでもあんなに過激なのに、本だったら更に過激になるんやろ！
ラジオ生放送で過激すぎて、プロデューサーが謝りに行く姿を何回か見ました。
この本が出たら、コンちゃんが自ら謝りに行くことがあるのかな？
それとも、知るかい、そんなもんと、豪快に叫んでいるのかな？
そんなコンちゃんが書いた本は、面白そう！
楽しみにしています。

原田伸郎
（月イチパートナー）

『コンちゃんを大発見のコーナー』

女の子に「ぼくが君の家まで迎えにいってあげるよ」と
やさしい言葉をかけているが、
実は、Hなことを企んでいるMBSラジオの人気パーソナリティー

近藤　迎えに行くよ
近藤むかえにいくよ
コンドーむかえにいくよ
コンドーム買いに行くよ
ワァーッ!!　大発見!!

銀瓶人語 VOL.2

判型…四六判220P　本体…1300円

銀瓶人語 VOL.3

判型…四六判220P　本体…1300円

【目次】オバチャン最高！／コリアなんだ？／天国と地獄／差し入れアレコレ／頼りになる人／これも落語のためなのだ／ワリカン、アカン？／なんでやねん／踏み絵／金に目がくらんだ!?／どこの新世界？／落語界へようこそ／パンダが白黒ハッキリと／君の名は／浪花のモーツァルト／なんで言うの〜／あなたに聴かせたい／チュウ目の人／どこに行っても吉弥くん／違いのわかる男／長谷川の演出／シーツの向こうでゴソゴソ／しゃべってくれよ／なんの集まりや？／手に汗握る／覚えてない／お前は誰やったかな？／消えた大入り袋／洞爺湖サミットの影響／ごめんね、僕だけで／世界の盗塁王／へぇ〜！／ハマンのマスター／アンタ自分勝手や！／繁昌亭の魔物／風物詩／キレる兄弟／やて〜／マネージャーさん／あぁ、僕じゃないのね／飛び入りありがとう／開けてくれ〜／ネタの使い回し／子どもには勝てない／頼りになります大使館／見られている／童心に帰る／子どもの目線／知らないのに／スペシャリスト／噺家と落語の関係／違いの分からない男／それはないやろ／線路は続くよどこまでも／聴く？聴かない？／そんなことは家でやりなさい／えっ!?アナタもですか？／タカラヅカと盗塁王の涙／やめちゃったね／にいさんは違うわ　他
〈巻末付録〉コンちゃん紙上反省会

【目次】ヤラしいーなぁ／日韓おばちゃん事情／謎のDVD／あくまでも私の意見です／別にいいんですけどね／一杯のお茶／見たくないのに見てしまう／これが落語の正しい楽しみ方／仰げば尊し／無駄なリクエスト／旅は道連れ／明暗くっきり／意外なご近所さん／いまハマってます／久米田とんとん亭大賞／受賞の波紋／その日だけは名人の気分／桜井一枝オッサン伝説／危険物を持ち込まないでください／人間国宝の前で落語／パワー吸い取るスポット？／旗振山の旗振り役／ついに堪えきれずに／スターの悩み／やったがために／まあまあ、落ち着いて／間違ってま〜す／ツボを心得る／これもタナボタ？／どこかで誰かが聴いている／まさに湯水の如く／突然、何を言うんですか？／そんな殺生な／オッケー！／初めてクーラーがついた／効果テキメン！／笑福亭様／知ら〜ん／山焼き？／それは私です／セコイですか？／ここから出してくれ〜／お代わりのタダ／押しの強さに負けました／美味しかった？／お肉に負けた／あ〜、食べたい！／妄想男／先にやってたの？／責任者、出てこい！／喜ぶ顔を見たいから／ニコニコ大賞／世界は一家／なんぼ？／僕のリムジン／知ってて良かった凄麺／スリル満点！／図星／本職なんですよ／誰も知らない舞台裏／とにかく食べたかったんです／アンタ、やめたんか？／早起きで頑張ってるんですが／ぎんぴん／熱烈応援感謝／おっ！　聞こえてきたね〜　他
〈巻末対談〉銀瓶をとりまく女たち

発売　西日本出版社
ホームページアドレス
http://www.jimotonohon.com/

こんちわコンちゃんお昼ですょ！
夢が我が家にやってきた

2012年9月3日初版第一刷発行
2012年9月9日　　第二刷発行

著　者　近藤光史
発行者　内山正之
発行所　株式会社西日本出版社
http://www.jimotonohon.com/
〒564-0044
大阪府吹田市南金田1-8-25-402
［営業・受注センター］
〒564-0044
大阪府吹田市南金田1-11-11-202
TEL 06-6338-3078
FAX 06-6310-7057
郵便振替口座番号　00980-4-181121

印刷・製本　株式会社シナノパブリッシングプレス

ISBN978-4-901908-73-3 C0095

STAFF
編　集　松田きこ（ウエストプラン）、河合篤子
デザイン　鷺草デザイン事務所
（尾崎閑也、上野かおる、中瀬理恵）
イラスト　つだゆみ
巻頭撮影　岸 隆子